"十二五"职业技能设计师岗位技能实训教材

3ds Max / VRay

室内效果图

案例技能实训教程

余妹兰 杨 桦 朱 烁 编著

U0222393

北京希望电子出版社
Beijing Hope Electronic Press
www.bhp.com.cn

内容简介

本书以案例化的方式全面讲解如何使用 3ds Max/VRay 制作室内效果图，全书共分 10 章：第 1 章讲解室内效果图设计的基础知识；第 2~8 章以"案例精讲→从零起步"的方式精讲各章案例，章后均提供两个拓展案例供读者学后练习；第 9~10 章详细讲解"制作厨房效果图"和"制作客厅效果图"两个综合案例的制作全过程。

本书具有很强的针对性和实用性，结构严谨，案例丰富，既可以作为大中专院校相关专业及 3ds Max 培训机构的教材，也可以作为从事室内设计人员的自学用书。

需要本书或技术支持的读者，请与北京海淀区中关村大街 22 号中科大厦 A 座 906 室（邮编：100190）发行部联系，电话：010-62978181（总机），传真：010-82702698，E-mail：bhpjc@bhp.com.cn。

图书在版编目（C I P）数据

3ds Max / VRay 室内效果图案例技能实训教程 / 余妹兰，杨桦，朱烁编著. -- 北京 ：北京希望电子出版社,2016.8
　　　ISBN 978-7-83002-353-9
　　　Ⅰ. ①3… Ⅱ. ①余… ②杨… ③朱… Ⅲ. ①室内装饰设计－计算机辅助设计－三维动画软件－教材 Ⅳ.①TU238-39

中国版本图书馆 CIP 数据核字(2016)第 161560 号

出版：北京希望电子出版社

地址：北京市海淀区中关村大街 22 号
　　　中科大厦 A 座 906 室

邮编：100190

网址：www.bhp.com.cn

电话：010-62978181（总机）转发行部
　　　010-82702675（邮购）

传真：010-82702698

经销：各地新华书店

封面：深度文化

编辑：石文涛　刘　霞

校对：全　卫

开本：787mm×1092mm　1/16

印张：15

字数：360 千字

印刷：北京博图彩色印刷有限公司

版次：2016 年 9 月 1 版 1 次印刷

定价：59.00 元（配 1 张 DVD 光盘）

前　言

Autodesk 3ds Max是三维物体建模和动画制作软件，以其强大、完美的三维建模功能，深受CG界设计师的喜爱和关注，是目前最流行的三维建模、动画制作及渲染软件，被广泛用于室内设计、建筑表现、影视与游戏制作等领域。Autodesk 3ds Max 2016软件是目前为止最新的软件版本。

为了满足新形势下的教育需求，在Autodesk技术专家、资深教师、一线设计师以及出版社策划人员的共同努力下，我们完成了本次新模式教材的开发工作。本教材采用模块化写作，通过案例实训的讲解，让学生掌握就业岗位工作技能，提升动手能力，提高就业竞争力。

本书共分10章，具体如下。
第1章　室内效果图设计概述
第2章　创建绘图环境
第3章　创建楼梯模型
第4章　创建沙发模型
第5章　创建家居模型
第6章　制作书房效果图
第7章　制作卧室效果图
第8章　制作阳光房效果图
第9章　综合案例：制作厨房效果图
第10章　综合案例：制作客厅效果图

本书特色鲜明，侧重于综合职业能力与职业素养的培养，融"教、学、做"为一体，适合应用型本科、职业院校、培训机构作为教材使用。为了教学方便，还为用书教师提供与书中同步的教学资源包（课件、素材、视频）。

本书由余妹兰、杨桦、朱烁编写，其中，第3、6、8、9章由湖南安全技术职业学院余妹兰编写，第1、2、4章由杨桦编写，第5、7章由朱烁编写。

由于编者水平有限，书中疏漏或不妥之处在所难免，敬请广大读者批评、指正。

编者
2016年7月

Contents
目录

第1章　室内效果图设计概述

第2章　创建绘图环境

第3章　创建楼梯模型

第4章　创建沙发模型

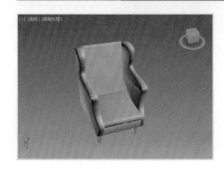

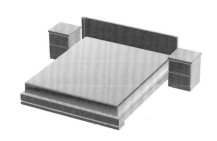

第5章 创建家居模型

第6章 制作书房效果图

第7章 制作卧室效果图

第8章　制作阳光房效果图

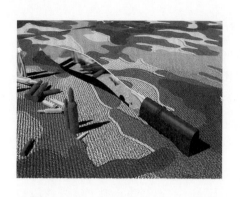

第9章　综合案例：制作厨房效果图

第10章　综合案例：制作客厅效果图

第1章

01 室内效果图设计概述

内容概要：

本章将从室内效果图的概念讲起，逐一对室内空间设计原则、灯光的应用等知识进行讲解。在学习了效果图的制作流程后，即可迈入设计之旅了。

知识要点：

● 室内效果图
● 室内设计原则
● 灯光的应用
● 效果图的制作流程

课时安排：

理论教学1课时

1.1 室内效果图的设计

室内效果图是设计师表达创意构思，并通过3ds Max制作软件，将创意构思进行形象化再现的形式。效果图中真实地呈现了各组成部分的造型、结构、色彩、质感等信息，使人们更清楚地了解设计的各项性能、构造、材料、结合方法等之间的关系。这种直观的表现，也使用户与设计师之间产生更深度的交流，以便最终达成一致意见。

室内效果图设计大致分为家装和公装两种：前者主要涉及住宅、公寓和宿舍的室内设计，包括起居室、餐厅、书房、工作室、卧室、厨房和卫浴设计；后者主要涉及公共建筑设施的室内设计，包括写字楼、商场、车站、机场等公共空间的设计。

为了使室内效果图更能满足人们的生活需求，在进行室内设计时应遵循以下原则。

1. 功能性设计原则

这一原则的要求是使室内空间、装饰装修、物理环境、陈设绿化最大限度的满足功能需求，并与功能和谐、统一。

2. 美观性设计原则

美是一种随时间、空间、环境而变化且适应性极强的概念，因此，在设计中美的标准和目的也大不相同。可以通过形、色、质、声、光等形式体现室内空间的美感。

3. 舒适性设计原则

人们对舒适性的定义各有所异，但从整体上来看，舒适的室内设计通常都离不开充足的阳光、清新的空气、安静的生活氛围、如茵的绿地、宽阔的室外活动空间、标志性的景观等要求。

4. 安全性设计原则

所有的建筑都要求具有一定的强度和刚度，而室外环境中空间领域的划分和空间组合的处理，也有利于环境的安全保卫。

5. 经济性设计原则

广义来说，就是以最小的消耗来满足需求。经济性设计原则包括生产性和有效性两方面。

（1）生产性。生产性是指设计中应考虑景观的生产价值，要结合室内设计所处的地理位置、气候条件、地质水文条件等进行设计，以增强环境系统内部的良性循环与优化，实现物质与能量的高效利用，尽量减少因设计改造对自然环境所造成的破坏。

（2）有效性。有效性是指消耗最小的原则，也就是要以最小的消耗来满足需求。一项设计要为大多数消费者所接受，必须在"代价"和"效用"之间谋求一个均衡点，但无论如何，降低成本不能以损害施工效果为代价。

6. 个性化设计原则

设计要具有独特的风格，缺少个性的设计是没有生命力与艺术感染力的。无论在设计的构思阶段，还是在设计深入的过程中，只有加入新奇的构想和巧妙的构思，才会赋予设计以勃勃生机。

1.2 灯光在效果图中的应用

室内效果图中光效的应用尤为重要，设计师也会根据不同的目的来营造不同的光照气氛。例如，居室中的灯光主要用于满足人们的生活需要，而办公空间中的灯光则是为了满足人们的工作需求，其设置的位置、亮度等都会有所不同。

通常，卧室的灯光较柔和，既具备浪漫的情调，又能够使人平静轻松，以便在休息时心情放松，充分享受生活。客厅的灯光应选用明亮、无眩光的产品，用以保证室内的亮度。餐厅的灯光应接近阳光的颜色，越接近自然，用餐时也越觉得放松，心情自然愉悦欢快。图1-1和图1-2所示分别为客厅灯光效果和卧室灯光效果。

图1-1

图1-2

商业照明与住宅照明相比，其灯光的应用会截然不同。商业照明主要用于营造一种气氛和心情，例如，餐厅室内照明会把气氛的营造放在第一位，凡比较讲究的餐馆，大厅多安装高级水晶吊灯，这将使餐厅显得高雅和气派，如图1-3所示。而专卖店的灯光设计大多会采用混合照明，主要是为了吸引购物者的注意力，创造适合的环境氛围，如图1-4所示。

图1-3

图1-4

混合照明的方式大致分类如下。

- 普通照明：该照明方式是给一个环境提供基本的空间照明，用来把整个空间照亮。它要求照明器的匀布性和照明的均匀性。
- 商品照明：即对货架或货柜上的商品进行照明，保证商品在色、形、质三个方面都有很好的表现。
- 重点照明：即针对商店的某个重要物品或重要空间的照明。例如，橱窗的照明就属于商店的重点照明。
- 局部照明：这种方式通常是装饰性照明，用来制造特殊的氛围。
- 作业照明：主要是指对柜台或收银台的照明。
- 建筑照明：用来勾勒商店所在建筑的轮廓并提供基本的导向，营造气氛。

1.3 效果图的制作流程

经过发展，效果图制作行业已经发展到一个非常成熟的阶段，无论是室内效果图还是室外效果图都有了一个模式化的操作流程，这也是能够细分出专业的建模师、渲染师、灯光师、后期制作师等岗位的原因之一。对于每一个效果图制作人员而言，正确的流程能够保证效果图的制作效率和质量。

要想做一套完整的效果图，需要结合多种不同的软件也必须有清晰的制图流程。效果图的制作流程大致分为如下六步。

STEP 01 3ds Max基础建模，利用CAD图和3d Max的命令创建出符合要求的空间模型。

STEP 02 在场景中创建摄像机，确定合适的角度。

STEP 03 设置场景光源。

STEP 04 给场景中各模型指定材质。

STEP 05 调整渲染参数，渲染出图。

STEP 06 在Photoshop中对图片进行后期的加工和处理，使效果图更加完善。

1.4 室内空间设计效果表现

效果图通常可以理解为对设计者的设计意图和构思进行形象化再现的形式。对室内效果图的观察可以获知近年来装修风格的转变。

1.4.1 住宅空间设计表现

现代住宅空间设计是综合的室内环境设计，是一门集感性和理性于一体的学科。不仅要分析空间体量、人体工程学、家具尺寸、人流路线、建筑结构和工艺材料等理性数据，也要满足风格定位、喜好趋向、个性追求等感性心理需求。图1-5所示为卧室空间设计，图1-6所示为客厅空间设计，图1-7为厨房餐厅空间设计，图1-8所示为书房空间设计。

图1-5

图1-6

图1-7

图1-8

1.4.2 办公空间设计表现

以现代科技为依托的办公设施日新月异，多样而富有变化，使得人们对办公建筑室内环境行为模式的认识，从观念上不断增添新的内容。下面列举了一些典型的办公空间设计效果图，图1-9所示为个人办公空间设计，图1-10所示为多人办公空间设计，图1-11所示为小型会议室空间设计，而图1-12所示为大型会场空间设计。

图1-9

图1-10

图1-11

图1-12

1.4.3　餐饮空间设计表现

　　餐厅是人们就餐的场所。在餐饮行业中，餐厅的形式是很重要的，因为餐厅的形式不仅体现餐厅的规模、格调，而且还体现餐厅经营特色和服务特色。根据餐厅服务内容分，可分为宴会厅、快餐厅、自助餐厅、特色餐厅、酒吧及茶室等。图1-13所示为宴会厅设计效果图，其空间效果高雅、华丽。图1-14所示为快餐店，从效果图中可看出其装修较为简洁明快、整齐有序。

图1-13

图1-14

1.4.4　专卖店空间设计表现

　　图1-15、图1-16和图1-17所示的专卖店为照明用品店，整个空间的设计充分运用现代元素，且融入未来元素。整个设计将璀璨的照明灯光与天花、地板巧妙规划，蜿蜒延伸、曲水回环，一气呵成地跃然而出，材质的搭配与灯光色彩的调谐，让设计流光溢彩，彰显视觉张力。

图1-15　　　　　　　　　　　图1-16　　　　　　　　　　　图1-17

第2章

02 创建绘图环境

内容概要：

　　3ds Max 2016是一款优秀的效果图设计和三维动画设计的软件。本章将从最基本的操作讲起，对3ds Max 2016的工作界面、图形文件的基本操作等内容进行介绍。掌握这些基本操作后，可为以后的建模操作奠定良好的基础。

知识要点：

● 工作界面颜色的更改
● 绘图单位的更改
● 图形文件的基本操作
● 视图的操作

课时安排：

理论教学1课时
上机实训2课时

3ds 【案例精讲】

📺 案例描述

　　默认情况下，3ds Max 2016的工作界面为黑色，也可以根据个人的使用习惯，更改为其他颜色。

📺 案例文件

　　本案例最终文件在"光盘:\素材文件\第2章"目录下，本案例的操作视频在"光盘:\操作视频\第2章"目录下。

📺 案例详解

　　下面将介绍如何将黑色界面更改为浅灰色界面，以及如何更改绘图单位。本案例的制作过程如下所述。

STEP 01 启动3ds Max 2016软件，执行"自定义"→"自定义用户界面"命令，如图2-1所示。

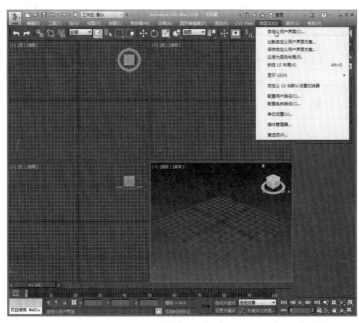

图2-1

STEP 02 打开"自定义用户界面"对话框，如图2-2所示。

STEP 03 切换到"颜色"选项卡，在"视口"元素列表中选择"视口背景"选项，再设置右侧的"主题"类型为"亮"，如图2-3所示。

图2-2

图2-3

STEP 04 单击"立即应用颜色"按钮，可以看到工作界面发生了变化，如图2-4所示。使用同样方法，将背景、窗口文本、冻结等颜色进行调整。

图2-4

若想将整个工作界面的颜色统一改变，可以通过加载颜色文件的方法实现。

STEP05 在"自定义用户界面"对话框的"颜色"选项卡中，单击"加载"按钮，如图2-5所示。

STEP06 在打开的"加载颜色文件"对话框中，找到3ds Max 2016安装文件下的UI文件夹，从中选择颜色文件"ame-light.clrx"，单击"打开"按钮，如图2-6所示。

图2-5   图2-6

STEP07 返回到工作界面，可以发现整个工作界面的颜色已发生了变化，如图2-7所示。

STEP08 接下来设置绘图单位。执行"自定义"→"单位设置"命令，如图2-8所示。

STEP09 在打开的"单位设置"对话框中，单击"系统单位设置"按钮，如图2-9所示。

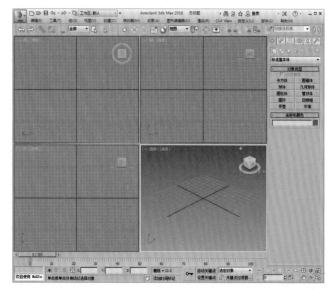

图2-7

图2-8

图2-9

STEP 10 在打开的"系统单位设置"对话框中设置系统单位比例，1单位=1毫米，如图2-10所示。

STEP 11 单击"确定"按钮，返回到"单位设置"对话框，设置显示单位比例为公制的毫米，设置完成后单击"确定"按钮即可，如图2-11所示。

图2-10

图2-11

2.1　认识3ds Max 2016的工作界面

可以通过以下方式打开3ds Max 2016软件：

- 双击桌面上的3ds Max 2016的快捷图标。
- 执行"开始"→"所有程序"→"Autodesk"→"Autodesk 3ds MAX Design 2016"→"3ds Max Design 2016-Simplified Chinese"命令。
- 双击已有的3ds Max文件，即可打开文件并显示模型。

启动Max软件后，即可进入工作界面，工作界面由标题栏、菜单栏、工具区、命令面板、视图区、状态栏等部分组成，如图2-12所示。

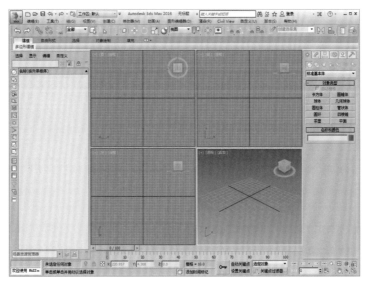

图2-12

2.1.1　标题栏

标题栏位于工作界面的最上方，包括快速访问工具栏、显示栏、搜索栏以及控制窗口按钮等。

2.1.2　菜单栏

菜单栏由编辑、工具、组、视图、创建、修改器、动画、图形编辑器、渲染、Civil View、自定义、脚本和帮助共13个菜单组成，这些菜单包含了3ds Max 2016的大部分操作命令。

- 编辑：用于对对象的复制、删除、选定、临时保存等功能。
- 工具：包括常用的各种制作工具。

- 组：用于将多个物体组为一个组，或分解一个组为多个物体。
- 视图：用于对视图进行操作，但对对象不起作用。
- 创建：创建物体、灯光、相机等。
- 修改器：编辑修改物体或动画的命令。
- 动画：用来控制动画。
- 图形编辑器：用于创建和编辑视图。
- 渲染：通过某种算法，体现场景的灯光、材质和贴图等效果。
- Civil View：访问方便有效，有利于提高工作效率的视口。例如，要制作一个人体动画，就可以在这个视口中很好地组织身体的各个部分，轻松选择其中一部分进行修改。
- 自定义：方便用户按照自己的爱好设置工作界面。3ds Max 2016的工具栏和菜单栏、命令面板可以被放置在任意的位置。如果用户厌烦了以前的工作界面，可以自己定制一个工作界面保存起来，软件下次启动时就会自动加载。
- 脚本：有关编程的命令。将编好的程序放入3ds Max中来运行。
- 帮助：关于软件的帮助文件，包括在线帮助、插件信息等。

提 示

软件界面左上角的3ds Max应用程序按钮用于文件的打开、存储、打印以及输入和输出不同格式的其他三维存档格式，还有动画的摘要信息、参数变量等命令的应用。

2.1.3 工具栏

在建模时，可以利用工具栏上的按钮进行操作，单击相应的按钮即可执行相应的命令。默认情况下，工具栏位于菜单栏的下方，可以在工具栏的左侧单击鼠标左键，并拖动工具栏，使工具栏更改为悬浮状，并放置在任意位置。工具栏中各按钮的含义介绍如表2-1所示。

表2-1

按钮	功能	按钮	功能
	取消上一次的操作		选择对象
	取消上一次撤销操作		按名称选择
	选择并链接		设置选择区域状态
	断开当前选择链接		窗口/交叉选择切换
	绑定到空间扭曲		选择并移动
全部 ▼	选择过滤器列表		选择并旋转
	设置缩放类型		选择并放置

按钮	功能	按钮	功能
视图 ▼	选择参考坐标系类型	3	捕捉开关
	设置控制轴心		角度捕捉开关
	键盘快捷键覆盖切换	%	百分比捕捉开关
	命名选择集		微调器捕捉开关
	镜像对象		打开层管理器
	设置对齐方式		切换功能区
	打开轨迹视图（曲线编辑器）		打开渲染设置对话框
	打开图解视图		渲染当前场景
	打开材质编辑器对话框		打开渲染帧窗口

2.1.4 命令面板

命令面板由切换标签和卷轴栏组成，位于工作界面的右侧，由创建、修改、层次、运动、显示、工具六个面板组成，如图2-13所示。

其中，每个面板的介绍分别如下。

图2-13

● 创建 ✱：创建命令面板由几何体○、图形○、灯光♡、摄影机☒、辅助对象◎、空间扭曲≋、系统✱七部分组成，每部分中都包含许多相应的操作。

● 修改 ☑：修改命令面板主要针对创建的对象组织修改命令，在"参数"卷展栏可以更改模型对象的参数，单击修改器列表的下拉菜单按钮，可以在弹出的列表中选择相应的修改器进行修改操作。

● 层次 ⽊：层次命令面板由轴、IK、链接信息三部分组成，主要用于调节相互连接对象之间的层级关系。

● 运动 ◎：提供指定对象的运动控制能力，配合轨迹视图一同完成运动的控制，可以控制对象的运动轨迹，并且可以编辑各个关键点。

● 显示 ▣：利用显示命令面板中各相应的选项，控制对象在视图中的显示情况，以此优化画面显示速度。

● 工具 ⤴：工具命令面板由资源管理器、透视匹配、塌陷、颜色剪贴板、测量、运动捕捉、重置变换、MAXScript、Flight Studio（c）等外部程序组成。选择相应的面板，在其命令面板的下方即可显示相应的参数控制面板。

2.1.5　视图区

　　视图区是3ds Max的工作区，通过不同的视图可以查看场景的不同角度。默认情况下，视图分为"顶"视图、"前"视图、"左"视图、"透视"视图四个视图区域。一般情况下，主要通过"透视"视图观察模型的立体形状、颜色和材质等，使用其他三个视图进行编辑操作，如图2-14所示。

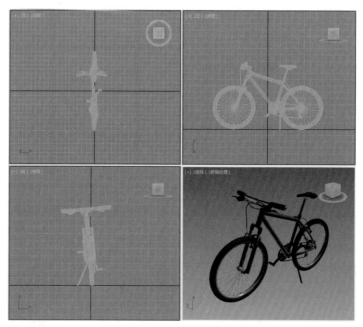

图2-14

2.1.6　状态栏

　　状态栏用于显示关于场景和活动命令的提示和信息。若进一步细分，可分成动画控制栏、时间滑块/关键帧状态、状态显示、位置显示栏和视口导航栏，如图2-15所示。

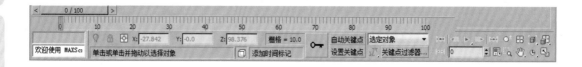

图2-15

各个部分的作用介绍如下。

●　时间滑块/关键帧状态和动画控制栏：用于制作动画的基本设置和操作工具。

●　位置显示栏：用于显示坐标参数等基本数据。

●　动画控制栏：用于制作动画时，进行动画记录、动画帧选择、控制动画的播放和动画时间的控制等。

●　视口导航栏：默认包含四个视图，是实现图形、图像可视化的工作区域，如表2-2所示。

表2-2

序号	图标	名称	用途
1		缩放视口	当在"透视图"或"正交"视口中进行拖动时,使用"缩放"可调整视口放大值
2		缩放所有视口	在四个视图区域任意一个窗口中按住鼠标左键拖动,可以看到四个视图同时缩放
3		最大化显示	在编辑时可能会有很多物体,当要对单个物体进行观察操作时,可以使此命令最大化显示
4		所有视口最大化显示	选择物体后单击,可以看到四个视图区域同时放大化显示的效果
5		视野	调整视口中可见场景数量和透视张量
6		平移视口	沿着平行于视口的方向移动摄像机
7		弧形旋转	使用视口中心作为旋转的中心。如果对象靠近视口边缘,则可能会旋转出视口
8		最大化视口切换	可在其正常大小和全屏大小之间进行切换

2.1.7 场景资源管理器

"场景资源管理器"面板主要用于设置场景中创建物体和使用工具的显示状态,优化屏幕显示速度,提高计算机性能。将面板拖动到任意位置,可以使其更改为悬浮状,如图2-16所示。在不需要使用的时候,可以单击右上角的"关闭"按钮关闭该面板。

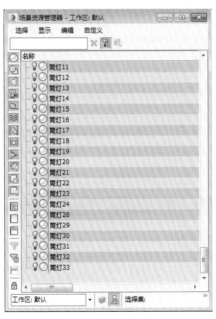

图2-16

2.2　图形文件的基本操作

下面对3ds Max 2016的基本操作进行介绍，包括文件的新建、保存、打开、重置等。

1. 新建

执行"新建"命令，在其右侧区域中将出现三种新建方式，分别介绍如下。

- 新建全部：该命令可以清除当前场景的内容，保留系统设置，如视口配置、捕捉设置、材质编辑器、背景图像等。
- 保留对象：用新场景刷新3d Max，并保留进程设置及对象。
- 保留对象和层次：用新场景刷新3d Max，并保留进程设置、对象及层次。

2. 保存

执行"保存"命令可保存场景。第一次执行"文件"→"保存"命令，将开启"文件另存为"对话框，可以通过此对话框为文件命名、指定路径。使用"保存"命令可通过覆盖上次保存的场景更新当前的场景。

3. 打开

新版本中的打开方式包括以下两种。

- 打开：执行"打开"命令，将打开"打开文件"对话框，从中可以任意加载场景文件（MAX文件）、角色文件（CHR文件）或VIZ渲染文件（DRF文件）。
- 从Vault中打开：打开储存于Vault中现有的3ds Max文件。

4. 重置

"重置"功能主要用于重置场景，可以清除所有数据并重置程序设置（如视口配置、捕捉设置、材质编辑器、背景图像等）。重置可以还原默认设置，并且可以移除当前会话期间所做的任何自定义设置。"重置"功能与退出并重新启动3ds Max的效果相同。

5. 另存为

执行"另存为"命令，将会发现有三种另存为模式。

- 另存为：可以为文件指定不同的路径和文件名，采用MAX或CHR格式保存当前的场景文件。
- 保存副本为：以新增量名称保存当前的3d Max文件。
- 归档：压缩当前3d Max文件和所有相关资料到一个文件夹。

提 示

①MAX文件类型是完整的场景文件。
②CHR文件是用"保存类型"为"3ds Max角色"功能保存的角色文件。
③DRF文件是VIZ Render中的场景文件，VIZ Render是包含在AutoCAD建筑中的一款渲染工具。该文件类型类似于Autodesk VIZ先前版本中的MAX文件。

2.3 对模型实施操作

利用3ds Max软件，既可以对模型进行移动、缩放等操作，还可以平移、快速切换视图。下面将对这些操作进行简要介绍。

2.3.1 移动对象

在进行设计时，模型往往需要不同的高度和位置。而模型的放置位置对显示效果也有很大的影响，如果对模型对象的位置不满意，可以使用"移动"命令更改其位置。

可以通过以下几种方式调用"移动"命令。

- 执行"编辑"→"移动"命令。
- 在工具栏单击"移动"按钮 ✥。
- 在坐标显示区输入坐标值。
- 按快捷键W激活"移动"命令。

2.3.2 缩放对象

如果创建的模型大小不符合要求，可以对其进行缩放操作。可以通过以下方式缩放对象。

- 执行"编辑"→"缩放"命令。
- 在工具栏单击"缩放"按钮 ⬚。
- 打开修改面板，在"参数"卷展栏中设置参数。

执行"缩放"命令，选择缩放对象，此时将在模型上显示缩放标志，如图2-17所示。随后将光标放置在标志中央，并上下拖动鼠标即可缩放模型对象，如图2-18所示。

图2-17   图2-18

2.3.3 平移视图

由于视图显示区域有限，在放大视图显示的过程中会隐藏许多模型，平移视图可以显示其余未显示的图形。可以通过以下操作调用"平移视图"命令。

- 单击视图导航栏的"平移视图"按钮🖑。
- 按住鼠标滚轮并拖动鼠标。
- 按Ctrl+P组合键。

2.3.4　快速切换视图

对于专业设计人员来说，不需要依次激活窗口，在最大化视图后，利用快捷键即可快速切换视图。切换视图的快捷键如下所述。

- 最大化切换视图：Ctrl+W。
- 顶视图：T。
- 前视图：F。
- 左视图：L。
- 后视图：B。
- 透视视图：P。
- 相机视图：C。

2.3.5　最大化视图切换

默认情况下，工作界面由"顶"视图、"前"视图、"左"视图、"透视"视图等四个视图组成，它们分别并列在视图区，但为了更精确地进行编辑操作，可以最大化显示视图。使用最大化视图，更容易观察和编辑模型。

可以通过以下方式调用"最大化视图"命令。

- 在视图导航栏中单击"最大化视图"按钮🔳。
- 按Ctrl+W组合键。

具体的操作步骤为：单击鼠标右键，激活视图，如图2-19所示。按Ctrl+W组合键将视图切换到最大化模式，如图2-20所示。

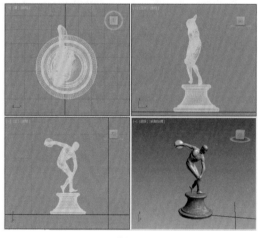

图2-19

图2-20

提 示

在3ds Max中，系统默认选择及预览模型时会以轮廓高亮显示，在较复杂的模型中比较方便选择。但高亮的轮廓会影响对模型边线的编辑，可以取消该设置：打开"首选项设置"对话框，切换到"视口"选项卡，取消勾选"选择/预览亮显"复选框，如图2-21所示，最后单击"确认"按钮即可。

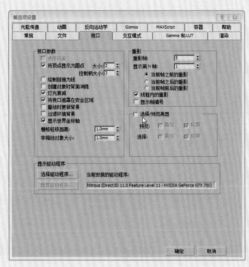

图2-21

拓展案例1： 设置绘图快捷键

🖥 绘图要领

（1）执行"自定义用户界面"命令，打开相应的对话框，如图2-22所示。

（2）根据自身使用习惯，对具体操作的快捷键进行更改和设置。

（3）保存更改。

图2-22

拓展案例2： 平移模型

本案例文件在"光盘:\素材文件\第2章"目录下。

🖥 绘图要领

（1）单击视图导航栏的"平移视图"按钮。

（2）待光标变为手掌形状时，单击鼠标左键并拖动鼠标。

（3）将模型移至目标位置，如图2-23和图2-24所示。

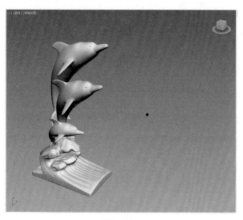

图2-23

图2-24

第3章

03 创建楼梯模型

内容概要：

　　样条线是指由两个或两个以上的顶点及线段所形成的集合线。利用不同的点线配置以及曲度变化，可以组合出任何形状的图案。本章将对样条线的相关知识进行介绍。熟练掌握样条线的操作，可以创建出许多复杂的物体模型。

知识要点：

● 样条线的创建
● 样条线的组成
● 样条线的编辑

课时安排：

理论教学2课时
上机实训4课时

案例效果图：

案例描述

本案例讲解如何创建一个楼梯模型，其中运用到的知识包括样条线建模、阵列操作等。熟练掌握建模的方法，可以轻松绘制出复杂的室内模型。

案例文件

本案例最终文件在"光盘:\素材文件\第3章"目录下，本案例的操作视频在"光盘:\操作视频\第3章"目录下。

案例详解

下面将对楼梯模型的创建过程进行介绍。

STEP 01 在创建命令面板中单击"长方体"按钮，创建一个1220×880×125的长方体，并设置其参数，如图3-1所示。

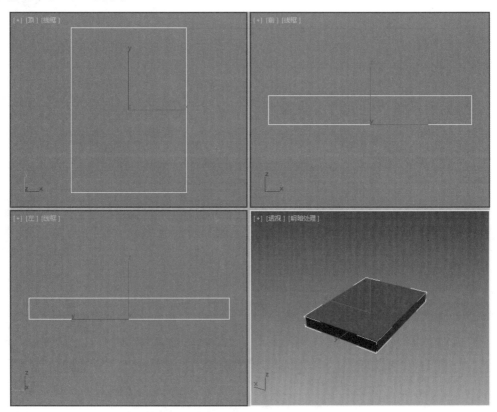

图3-1

STEP 02 按住Shift键向上复制模型，调整模型参数为1270×920×60，再调整模型位置，如图3-2所示。

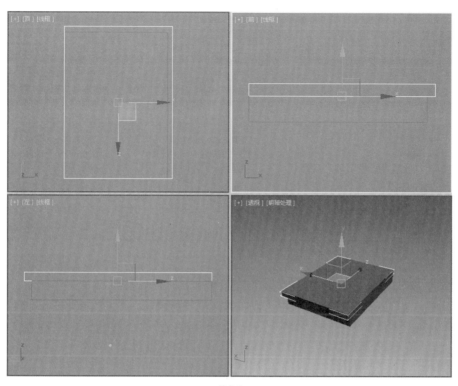

图3-2

STEP 03 继续按住Shift键向上复制模型，调整模型参数为1060×800×185，再调整模型位置，如图3-3所示。

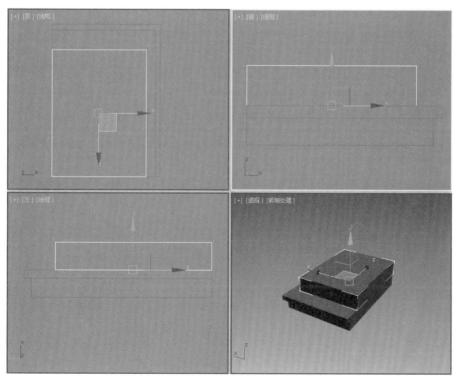

图3-3

STEP 04 继续按住Shift键向上复制模型,调整模型参数为780×700×185,再调整模型参数,如图3-4所示。

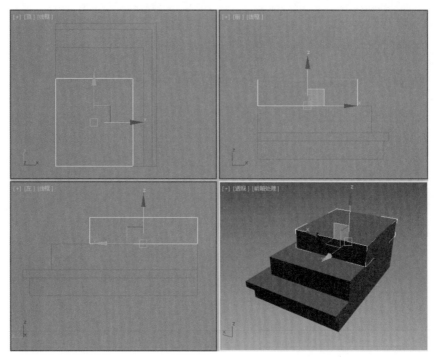

图3-4

STEP 05 在创建命令面板中单击"线"按钮,在"顶"视图中捕捉绘制一个三角形的样条线,如图3-5所示。

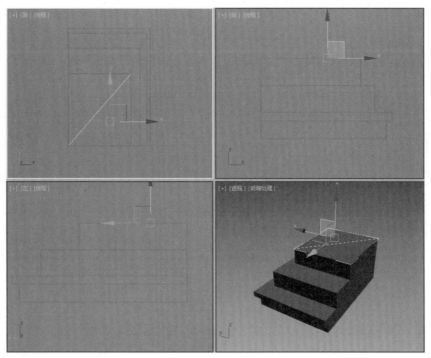

图3-5

STEP06 在修改器列表中选择挤出修改器，设置挤出值为185，将其挤出为三维模型，调整到合适位置，如图3-6所示。

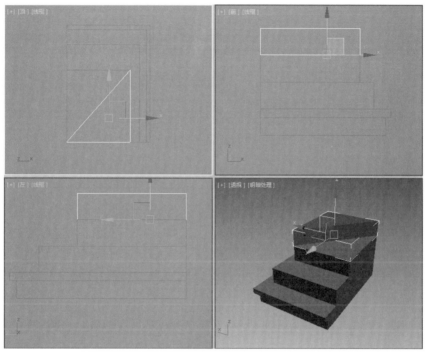

图3-6

STEP07 在创建命令面板中单击"长方体"按钮，创建一个长方体，设置参数及位置，如图3-7所示。

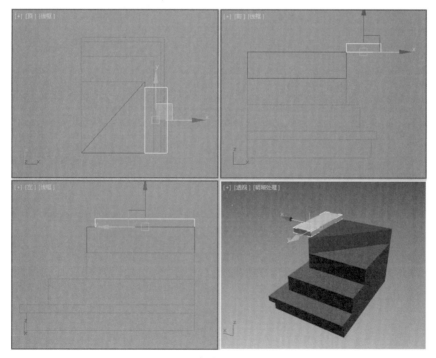

图3-7

STEP 08 切换到前视图，右键单击"选择并移动"按钮，打开"移动变换输入"对话框，在Y轴偏移输入框中输入数值，如图3-8所示。

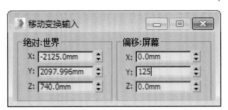

图3-8

STEP 09 按Enter键确认，即可对长方体进行预定的移动，如图3-9所示。

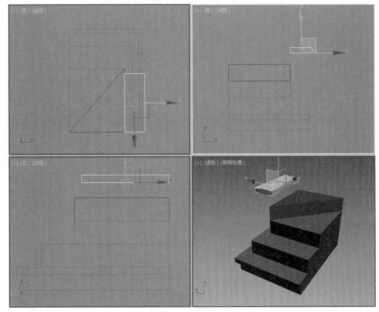

图3-9

STEP 10 保持前视图，执行"工具"→"阵列"命令，打开"阵列"对话框，设置"增量"区域的"Y"=185mm、"增量"区域的"X"=250、"数量1D"=9、"对象类型"="实例"，如图3-10所示。

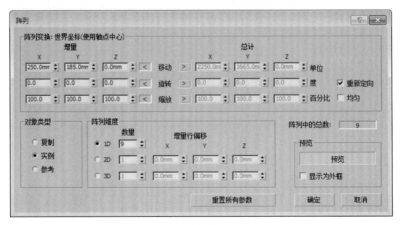

图3-10

STEP 11 单击"确定"按钮即可完成阵列，效果如图3-11所示。

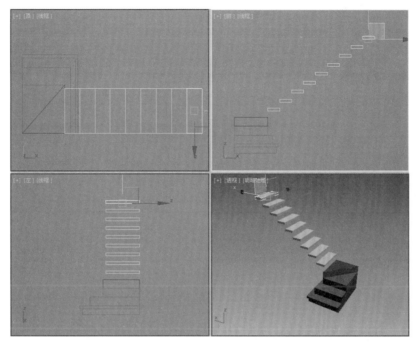

图3-11

STEP 12 在创建命令面板中单击"线"按钮，在"前"视图创建一个二维图形，效果如图3-12所示。

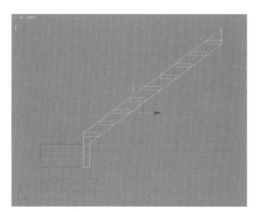

图3-12

STEP 13 为其添加挤出修改器，设置挤出值为60，调整位置，如图3-13所示。

STEP 14 在创建命令面板中单击"线"按钮，继续创建样条线，如图3-14所示。

STEP 15 在修改命令面板中进入"样条线"子层级，设置样条线轮廓值为10，按Enter键确认，如图3-15所示。

STEP 16 为其添加挤出修改器，设置挤出值为60，调整模型位置，制作出不规则形状的楼梯扶手，如图3-16所示。

STEP 17 使用同样方法，完成楼梯扶手模型的制作，至此完成楼梯模型的制作，如图3-17所示。

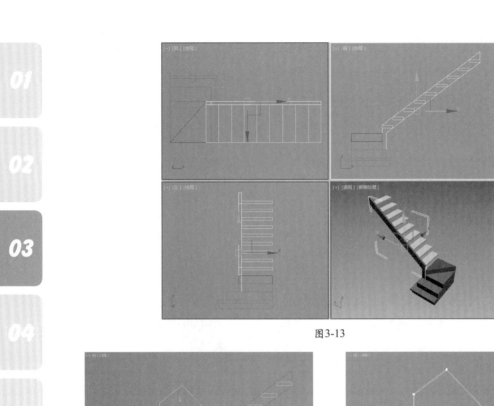

图3-13

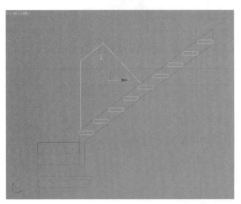

图3-14

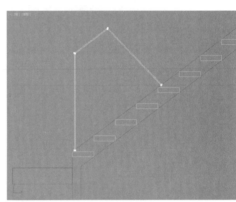

图3-15

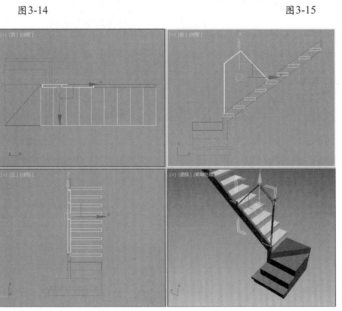

图3-16

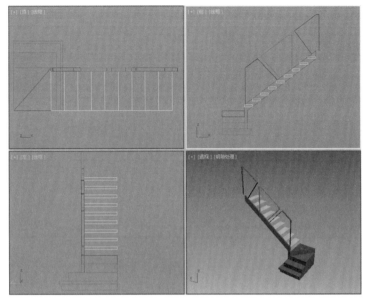

图3-17

STEP 18 按快捷键M打开材质编辑器，选择一个空白材质球，设置漫反射颜色与反射颜色，并设置反射参数，如图3-18所示。

STEP 19 漫反射颜色及反射颜色的设置如图3-19所示。

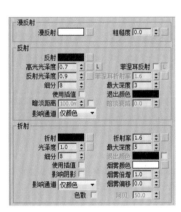

图3-18

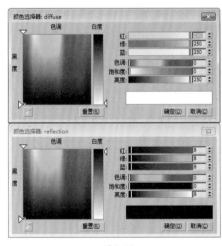

图3-19

STEP 20 创建好的白色烤漆材质球示例窗效果如图3-20所示。

STEP 21 选择一个空白材质球，设置漫反射颜色及反射颜色，并设置反射参数，如图3-21所示。

STEP 22 漫反射颜色及反射颜色的设置如图3-22所示。

STEP 23 为反射通道添加衰减贴图，为凹凸通道添加位图贴图，如图3-23所示。

STEP 24 打开衰减参数面板，设置衰减颜色及衰减类型，如图3-24所示。完成黑色木质烤漆材质的创建。

STEP 25 将材质分别指定给楼梯各部位，并为其添加场景，最终效果如图3-25所示。

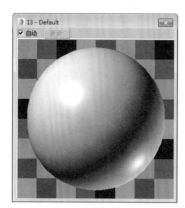

图3-20

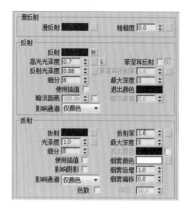

图3-21

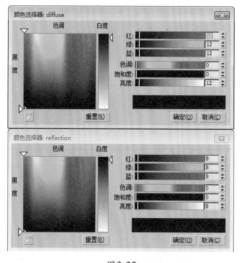

图3-22

图3-23

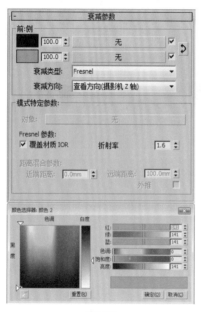

图3-24

图3-25

3.1 样条线的创建

在3ds Max软件中，利用样条线可以创建三维建模实体。样条线包括线、矩形、圆、椭圆和圆环、多边形和星形等。

3.1.1 线

线在样条线中也比较特殊，没有可编辑的参数，只有利用节点、线段和样条线等子对象层级进行编辑。

在图形命令面板中单击"线"按钮，如图3-26所示。在视图区中合适的位置依次单击鼠标左键即可创建线，如图3-27所示。

图3-26 · 图3-27

3.1.2 矩形

在图形命令面板中单击"矩形"按钮，如图3-28所示。在顶视图拖动鼠标即可创建矩形样条线，如图3-29所示。

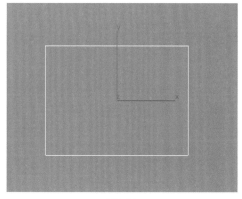

图3-28 · 图3-29

在"参数"卷展栏中可以设置样条线的参数，包括长度、宽度和角半径三个选项，如

图3-30所示。

图3-30

3.1.3　圆与椭圆

在图形命令面板中单击"圆"按钮。在任意视图单击并拖动鼠标即可创建圆，如图3-31所示。选择样条线，在命令面板的下方可以设置圆的半径大小，如图3-32所示。

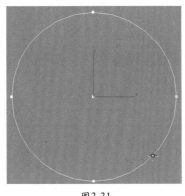

图3-31

图3-32

创建椭圆样条线与圆形样条线的方法是一样的，即通过"参数"卷展栏便可以设置其长度和宽度。

3.1.4　圆环

创建圆环时需要设置内框线和外框线。在图形命令面板中单击"圆环"按钮，在"顶"视图拖动鼠标创建圆环外框线，释放鼠标左键再次拖动鼠标，即可创建圆环内框线，如图3-33所示。可在参数卷展栏中设置"半径1"和"半径2"的大小来更改圆环的形状，如图3-34所示。

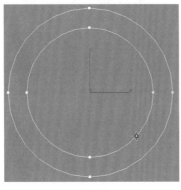

图3-33

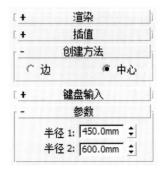

图3-34

3.1.5 多边形与星形

多边形和星形属于多线段的样条线图形，通过边数和点数可以设置样条线的形状。

1. 多边形

在图形命令面板中单击"多边形"按钮，此时在命令面板下方会出现一系列卷展栏，如图3-35所示。单击并拖动鼠标即可创建多边形，如图3-36所示。

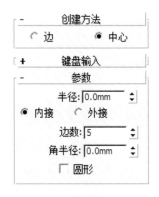

图3-35 图3-36

多边形参数卷展栏中各选项的含义介绍如下。

- 半径：设置多边形半径的大小。
- 内接和外接：内接是指多边形的中心点到角点之间的距离为内切圆的半径，外接是指多边形的中心点到角点之间的距离为外切圆的半径。
- 边数：设置多边形边数。数值范围为3～100，默认边数为5。
- 角半径：设置圆角半径大小。
- 圆形：勾选该复选框，多边形即可变成圆形。

2. 星形

星形工具可以创建各种形状的星形图案和齿轮，还可以利用扭曲命令对图形进行扭曲。

在图形命令面板中单击"星形"按钮，在视口中单击并拖动鼠标指定星形的半径1，释放鼠标左键，指定星形的半径2，如图3-37所示。可以在参数卷展栏中设置"扭曲"数值，如图3-38所示。

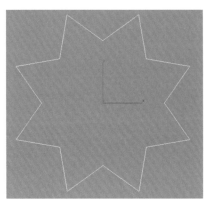

图3-37

图3-38

星形参数卷展栏中各选项的含义介绍如下。

- 半径1和半径2：设置星形的内、外半径。
- 点：设置星形的顶点数目，默认情况下，创建星形的点数目为6。数值范围为3～100。
- 扭曲：设置星形的扭曲程度。
- 圆角半径1和圆角半径2：设置星形内、外圆环上的圆角半径大小。

3.1.6 其他样条线

除了上述介绍的常见样条线外，还包括文本、弧、螺旋线等。

1. 文本

文本用于创建文字内容，如建筑物名称、商品品牌等，其参数卷展栏如图3-39所示。下面将对各选项的含义进行介绍。

- 字体：可从所有可用字体的列表中进行选择。
- 大小：设置文本高度，其中测量高度的方法由活动字体定义。第一次输入文本时，默认尺寸是100单位。
- 字间距：文字之间的距离值。
- 行间距：用来设置每一行文字之间的距离值。只有图形中包含多行文本时才起作用。
- 文本：用于输入长文本，在每行文本之后按下Enter键可开始下一行。
- 更新：更新3ds Max视口中的文本来匹配编辑框中的当前设置。

图3-39

2. 弧

利用"弧"样条线可以创建圆弧和扇形，创建的弧形状可以通过修改器生成带有平滑圆角的图形。在其参数卷展栏中可以设置弧样条线的各参数，如图3-40所示。

下面将对各选项的含义进行介绍。

- 端点-端点-中央：设置"弧"样条线以端点-端点-中央的方式进行创建。
- 中间-端点-端点：设置"弧"样条线以中间-端点-端点的方式进行创建。
- 半径：设置弧形的半径。
- 从：设置弧形样条线的起始角度。
- 到：设置弧形样条线的终止角度。
- 饼形切片：勾选该复选框，创建的弧形样条线会更改成封闭的扇形。
- 反转：勾选该复选框，可反转弧形，生成弧形所属圆周另一半的弧形。

图3-40

3. 螺旋线

螺旋线主要用于创建弹簧及旋转楼梯扶手等不规则的圆弧形状，其参数卷展栏如图3-41所示。

下面将对各选项的含义进行介绍。

- 半径1和半径2：设置螺旋线的半径。
- 高度：设置螺旋线在起始圆和结束圆之间的高度。
- 圈数：设置螺旋线的圈数。
- 偏移：设置螺旋线段偏移距离。
- 顺时针和逆时针：设置螺旋线的旋转方向。

图3-41

3.2 样条线的编辑

创建样条线之后，若不符合用户需求，可编辑和修改创建的样条线。在3ds Max 2016中除了可以通过"节点""线段"和"样条线"等编辑样条线，还可以在参数卷展栏通过更改数值来编辑样条线。

3.2.1 样条线的组成

样条线包括节点、线段、切线手柄、步数等部分，利用样条线的组成部分可以不断地调整其状态和形状。

节点就是组成样条线上任意一段的端点，线段是指两端点之间的距离，单击鼠标右键，在弹出的快捷菜单中选择Bezier角点，顶点上将显示切线手柄，调整手柄的方向和位置，可以更改样条线的形状。

3.2.2 将样条线转换成可编辑样条线

如果需要对创建的样条线的节点、线段等进行修改，首先需要将其转换成可编辑样条线，才可以进行编辑操作。

选择样条线并单击鼠标右键，在如图3-42所示的快捷菜单中执行"转换为可编辑样条线"命令，此时将转换为可编辑样条线，在修改器堆伐栏中可以选择编辑样条线方式，如图3-43所示。

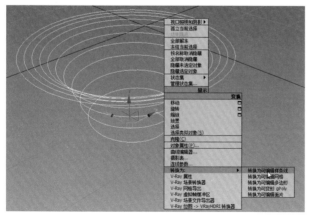

图3-42

图3-43

3.2.3 编辑顶点子对象

在顶点和线段之间创建的样条线，这些元素称为样条线子对象，将样条线转换为可编辑样条线之后，可以编辑顶点子对象、线段子对象和样条线子对象等。

在进行编辑顶点子对象之前首先要把可编辑的样条线切换成顶点子对象，可以通过以下方式切换顶点子对象。

● 在可编辑样条线上右击，在弹出的快捷菜单中执行"顶点"命令，如图3-44所示。
● 在修改命令面板的修改器堆栈栏中展开"可编辑样条线"卷展栏，在弹出的列表中单击"顶点"选项，如图3-45所示。

在激活顶点子对象后，命令面板的下方会出现许多修改顶点子对象的选项，其中：

● 优化：单击该按钮，在样条线上可以创建多个顶点。
● 切角：设置样条线切角。
● 删除：删除选定的样条线顶点。

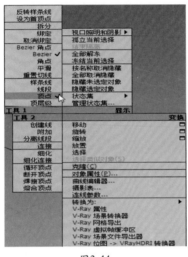

图3-44

图3-45

3.2.4 编辑线段子对象

激活线段子对象后，即可进行编辑线段子对象操作，与编辑顶点子对象相同。激活线段子对象后，在命令面板的下方将会出现编辑线段的各选项，如图3-46所示。下面将对编辑线段子对象中各常用选项的含义进行介绍。

● 附加：单击该按钮，选择附加线段，则附加过的线段将合并为一体。
● 附加多个：在"附加多个"对话框中可以选择附加多个样条线线段。
● 横截面：可以在合适的位置创建横截面。
● 优化：创建多个样条线顶点。
● 隐藏：隐藏指定的样条线。
● 全部取消隐藏：取消隐藏选项。

图3-46

● 删除：删除指定的样条线段。
● 分离：将指定的线段与样条线分离。

3.2.5　编辑样条线子对象

　　将创建的样条线转换成可编辑样条线之后，激活样条线子对象，在命令面板的下方也会相应的显示编辑样条线子对象的各选项，如图3-47所示。下面将对编辑样条线子对象中各常用选项的含义进行介绍。

● 附加：单击该按钮，选择附加的样条线，则附加过的样条线将合并为一体。
● 附加多个：在"附加多个"对话框中可以选择附加多个样条线。
● 轮廓：在轮廓列表框中输入轮廓值即可创建样条线轮廓。
● 布尔：单击相应的"布尔值"按钮，然后再执行布尔运算，即可显示布尔后的状态。

图3-47

● 镜像：单击相应的镜像方式，然后再执行镜像命令，即可镜像样条线，勾选下方的"复制"复选框，可以执行复制并镜像样条线命令，勾选"以轴为中心"复选框，可以设置镜像中心方式。
● 修剪：单击该按钮，可添加修剪样条线的顶点。

拓展案例1： 创建椅子模型

本案例文件在"光盘:\素材文件\第3章"目录下。

💻 绘图要领

（1）单击"线"按钮，创建椅子坐垫靠背造型。

（2）单击"长方体"按钮，创建座椅面造型。

（3）单击"圆"按钮，创建椅子腿造型。

（4）调整椅子各造型，将椅子模型成组。

最终效果如图3-48所示。

图3-48

拓展案例2： 绘制不规则样条线

本案例文件在"光盘:\素材文件\第3章"目录下。

💻 绘图要领

（1）创建样条线，并在堆伐栏中选择"顶点"选项。

（2）利用"优化"命令添加节点，最后调整节点形状。

（3）复制并镜像样条线，将样条线附加在一起。

（4）完成不规则样条线的绘制。

最终效果如图3-49所示。

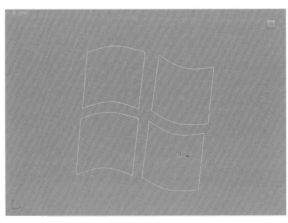

图3-49

第4章

04 创建沙发模型

内容概要：

3ds Max提供了许多建模的工具，本章将对标准基本体、扩展基本体、复合对象等功能进行介绍。通过学习本章内容，可以全面了解模型的创建方法与技巧。建模需要勤加练习，熟能生巧，这样才能加深自己对建模工具的认识。

知识要点：

● 标准基本体
● 扩展基本体
● 布尔运算
● 放样操作
● 编辑多边形

课时安排：

理论教学3课时
上机实训6课时

案例效果图：

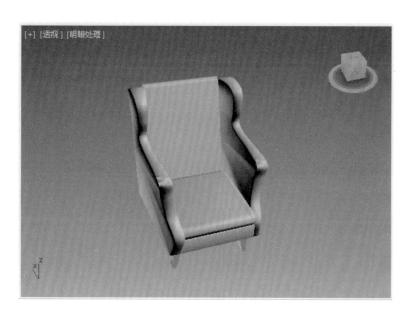

3ds 【案例精讲】

📺 案例描述

本案例绘制的是一款休闲沙发模型，现如今沙发不仅是休息时的工具，更是室内设计中中的一个摆设，其造型优美与否，影响着整体装修的效果。

📺 案例文件

本案例素材文件和最终文件在"光盘:\素材文件\第4章"目录下，本案例的操作视频在"光盘:\操作视频\第4章"目录下。

📺 案例详解

该款休闲沙发为单人座，可以根据需要练习制作双人座或是多人座。下面将对其具体的创建过程进行介绍。

STEP 01 在顶视图创建一个长600mm、宽150mm、高900mm的长方体，如图4-1所示。

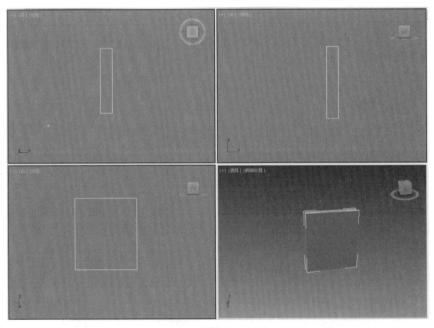

图4-1

STEP 02 选择长方体并单击鼠标右键，在弹出的快捷菜单中执行"转换为可编辑多边形"命令，如图4-2所示。

STEP 03 在"修改"选项卡的堆伐栏中展开"可编辑多边形"卷展栏，在其中选择"边"选项，如图4-3所示。

STEP 04 在"右"视图选择左右两条边，如图4-4所示。

STEP 05 在"编辑边"卷展栏中单击"连接"按钮,如图4-5所示。

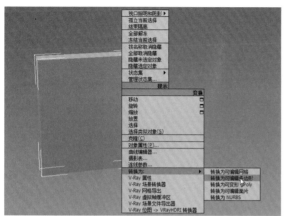

图4-2

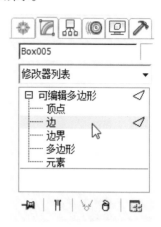

图4-3

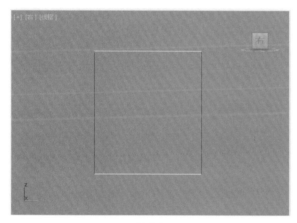

图4-4

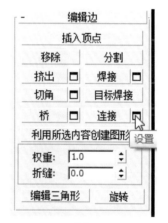

图4-5

STEP 06 设置创建边的数目,然后单击"确定"按钮⊘,如图4-6所示。

STEP 07 选中连接得出的线,然后移动到合适的位置,如图4-7所示。

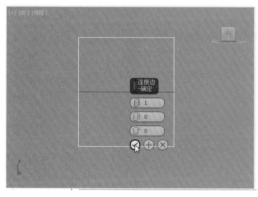

图4-6

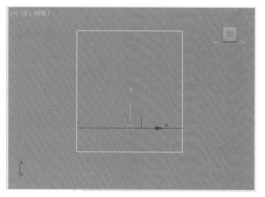

图4-7

STEP 08 在堆栈栏中选择"多边形"选项,然后返回"左"视图选择面,如图4-8所示。

STEP 09 在"编辑多边形"卷展栏中单击"挤出"按钮,并设置挤出高度,如图4-9所示。

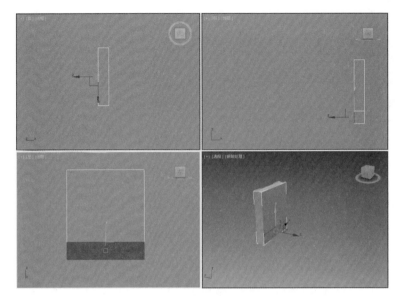

图4-8

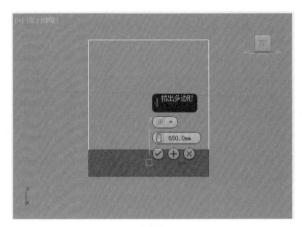

图4-9

STEP 10 设置完成后单击"确定"按钮 ☑，即可完成挤出操作，如图4-10所示。

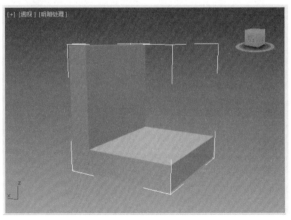

图4-10

STEP 11 选择"边"选项，然后选择需要修改的边，如图4-11所示。

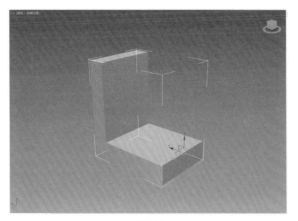

图4-11

STEP 12 在"编辑边"卷展栏中单击"切角"按钮，然后设置切角值，如图4-12所示。

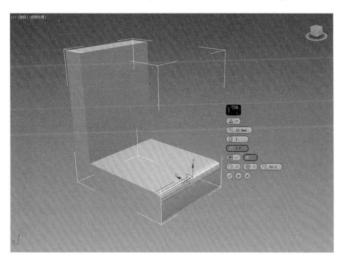

图4-12

STEP 13 单击"确定"按钮，完成切角设置。使用同样方法，将靠背拐角处进行切角操作，如图4-13所示。

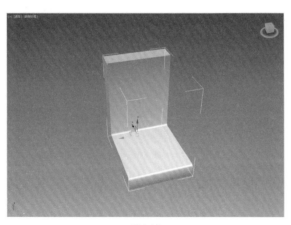

图4-13

STEP 14 在堆伐栏中选择"顶点"选项，在"前"视图选择顶点，并移动顶点，如图4-14所示。

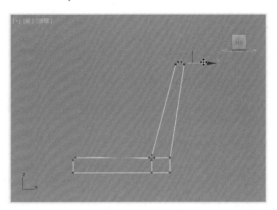

图4-14

STEP 15 选择边，在"编辑几何体"卷展栏中单击"重复上一个"按钮，此时将重复切角操作，将上方两条线段均进行切角操作，如图4-15所示。

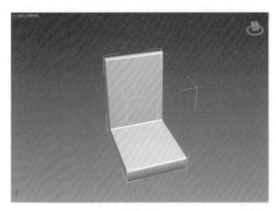

图4-15

STEP 16 利用"直线"命令绘制样条线，调整完成后，如图4-16所示。

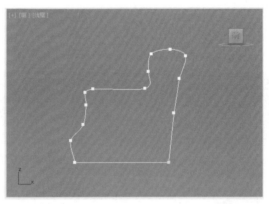

图4-16

STEP 17 展开修改器列表，然后选择"挤出"选项，在参数卷展栏设置挤出数值，如图4-17所示。

STEP 18 将挤出的多边形移至靠背的右侧，将其转换为可编辑多边形，平滑多边形，完成后的效果如图4-18所示。

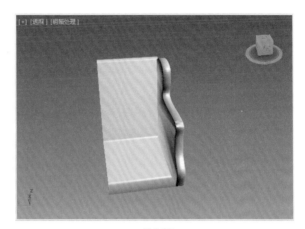

图4-17 图4-18

STEP 19 选择多边形，在"修改器列表"中选择"FFD 3×3×3"选项，然后展开该卷展栏，选择"控制点"选项，如图4-19所示。

STEP 20 此时在绘图区将显示控制点，如图4-20所示。

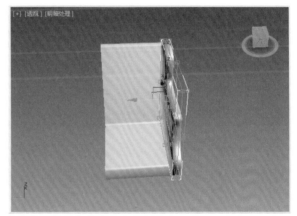

图4-19 图4-20

STEP 21 调整控制点，设置完成后复制多边形，并移动到另一侧，如图4-21所示。

STEP 22 在"顶"视图创建一个长方体，参数如图4-22所示。

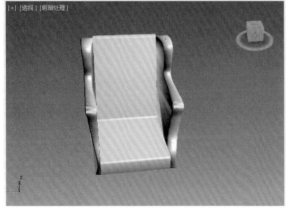

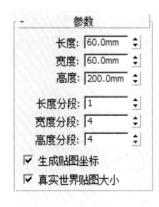

图4-21 图4-22

STEP 23 创建直线样条线，并调整节点，如图4-23所示。

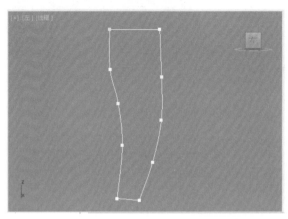

图4-23

STEP 24 将样条线挤出，挤出高度为60mm，如图4-24所示。

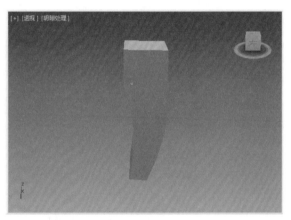

图4-24

STEP 25 在顶视图创建一个长650mm、宽650mm、高100mm、圆角200的切角长方体，作为沙发的坐垫，将多边形和坐垫复制并移动到合适位置，如图4-25所示。

图4-25

STEP 26 至此，单人沙发就制作完成了，添加材质后的最终效果如图4-26所示。

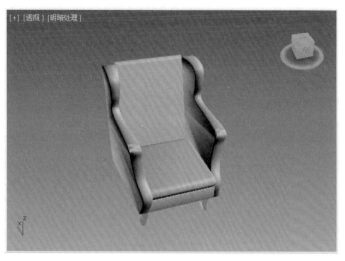

图4-26

3ds 【从零起步】

4.1　标准基本体

在3ds Max中，标准基本体包括长方体、圆锥体、球体、几何球体、圆柱体、管状体、圆环、四棱锥、茶壶、平面。在命令面板中单击"创建"→"几何体"→"标准基本体"命令，即可显示全部基本体，如图4-27和图4-28所示。

图4-27

图4-28

4.1.1　长方体

长方体是建模最常用的基本体之一，可以制作长度、宽度、高度不同的长方体，如图4-29所示。长方体的参数面板如图4-30所示。

● 长度、宽度、高度：设置长方体对象的长度、宽度、高度。

- 长度分段、宽度分段、高度分段：每个轴的分段数量会影响到模型的修改以及面数。
- 生成贴图坐标：生成将贴图材质应用于长方体的坐标。
- 真实世界贴图大小：控制应用该对象的纹理贴图材质所使用的缩放方法。

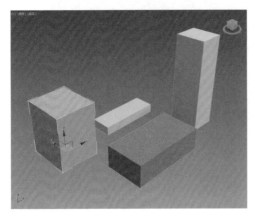 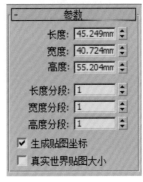

图4-29　　　　　　　　　　　　　　　图4-30

4.1.2　圆锥体

可以制作完整或部分圆锥体，这个命令还可以用于创建天台，如图4-31所示。圆柱体的参数面板如图4-32所示。

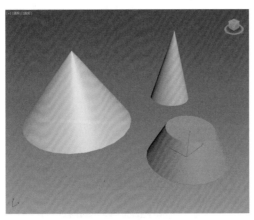 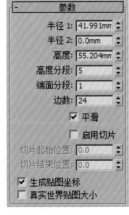

图4-31　　　　　　　　　　　　　　　图4-32

其中，半径1、半径2用于设置圆锥体的第一个半径和第二个半径，两个半径的最小值都是0。如果输入负值，则3ds Max会自动将其转换为0。可以组合这些设置来创建直立或倒立的尖顶圆锥体和平顶圆锥体。

4.1.3　球体

可以制作完整的球体、半球体或者球体的其他部分，如图4-33所示。球体参数面板如图4-34所示。

- 半球：过分增大该值将切断球体，如果从底部开始，将创建部分球体。
- 切除：通过在半球断开时将球体中的顶点和面切除来减少它们的数量。

- 挤压：保持原始球体中的顶点数和面数，将几何体向着球体的顶部挤压，直到体积越来越小。
- 启用切片：启用切片后可以制作部分球体模型。
- 切片起始位置、切片结束位置：设置起始角度、设置停止角度。

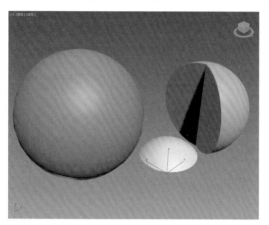 

图4-33 图4-34

4.1.4 几何球体

可以通过创建三类规则多面体制作球体和半球，如图4-35所示。几何球体的参数面板如图4-36所示。

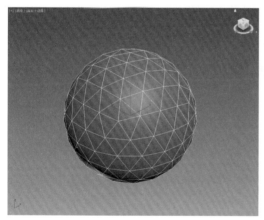 

图4-35 图4-36

- 半径：设置几何球体的大小。
- 分段：设置几何球体中的总面数。
- 平滑：将平滑应用于球体的曲面。
- 半球：创建半个球体。

4.1.5 圆柱体

可以创建完整或部分圆柱体，可以围绕其主轴进行切片修改，如图4-37所示。圆柱体的参数面板如图4-38所示。

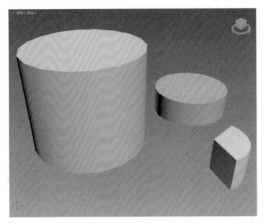

图4-37　　　　　　　　　　　　　图4-38

- 高度：设置沿着中心轴的维度，负数值将在构造平面下方创建圆柱体。
- 高度分段：设置沿着圆柱体主轴的分段数量。
- 端面分段：设置围绕圆柱体顶部和底部的中心的同心分段数量。
- 边数：设置圆柱体周围的边数。

4.1.6　管状体

可以创建圆形和棱柱管道，类似于中空的圆柱体，如图4-39所示。管状体的参数面板如图4-40所示。

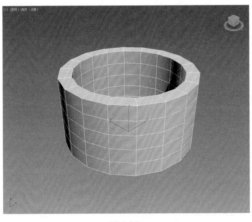

图4-39　　　　　　　　　　　　　图4-40

4.1.7　圆环

可以创建完整的圆环或带有横截面的圆环，如图4-41所示。圆环的参数面板如图4-42所示。

- 半径1：设置从环形的中心到横截面圆形中心的距离，即环形的半径。
- 半径2：设置横截面圆形的半径。每当创建环形时就会替换该值。默认为10。
- 旋转、扭曲：设置旋转、扭曲的度数。
- 分段：设置围绕环形的分段数目。

● 边数：设置环形横截面圆形的边数。

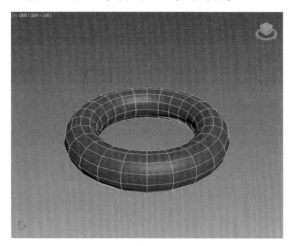

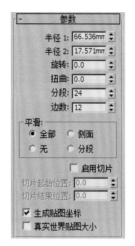

图4-41 　　　　　　　　　　　　　　　　图4-42

4.1.8　茶壶

茶壶是标准基本体中唯一完整的三维模型实体，单击并拖动鼠标，即可创建茶壶的三维实体，如图4-43所示。在命令面板中单击"茶壶"按钮后，命令面板下方会显示参数面板，如图4-44所示。

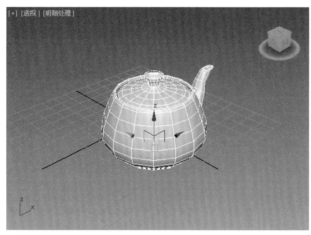

图4-43 　　　　　　　　　　　　　　　　图4-44

● 半径：设置茶壶的半径大小。
● 分段：设置茶壶及单独部件的分段数。
● 茶壶部件：在"茶壶部件"选项组中包含壶体、壶把、壶嘴和壶盖四个茶壶部件，取消勾选相应的部件，在视图区将不显示该部件。

4.1.9　平面的创建

平面是一种没有厚度的长方体，在渲染时可以无限放大，如图4-45所示。单击"平面"按钮，命令面板的下方将显示参数面板，如图4-46所示。

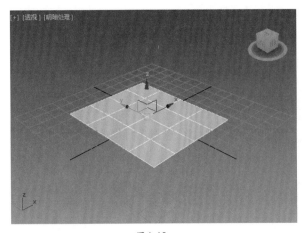

图4-45 图4-46

- 长度：设置平面的长度。
- 宽度：设置平面的宽度。
- 长度分段：设置长度的分段数量。
- 宽度分段：设置宽度的分段数量。
- 缩放：指定平面几何体的长度和宽度在渲染时的倍增数，从平面几何体中心向外缩放。
- 密度：指定平面几何体的长度和宽度分段数在渲染时的倍增数值。
- 总面数：显示创建平面物体中的总面数。

4.2　扩展基本体

在命令面板中执行"创建"→"几何体"→"扩展基本体"命令，即可看到可创建的扩展基本体，其中包括异面体、环形结、切角长方体、切角圆柱体、油罐、胶囊、纺锤、L-Ext（L形拉伸体）、球棱柱、C-Ext（C形拉伸体）、环形波、软管、棱柱，如图4-47所示。下面将对常用的几种进行介绍。

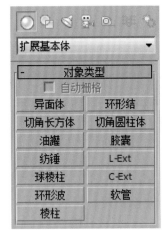

图4-47

4.2.1　异面体

可创建几个系列的多面体对象，如图4-48所示，其对应的参数面板如图4-49所示。

- 系列：使用该组可以选择要创建的多面体的类型。
- 系列参数P、Q：为多面体顶点和面之间提供两种方式变换的关联参数。
- 轴向比率P、Q、R：控制多变体一个面反射的轴。

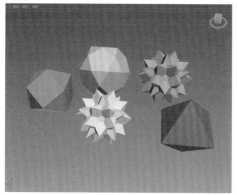

图4-48

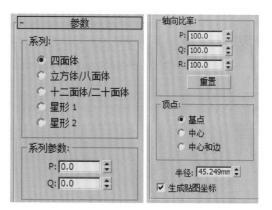

图4-49

4.2.2　环形结

可以通过在正常平面中围绕3D曲线绘制2D曲线来创建复杂或带结的环形，如图4-50所示，其对应的参数面板如图4-51所示。

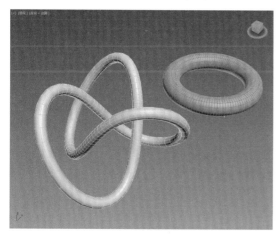

图4-50

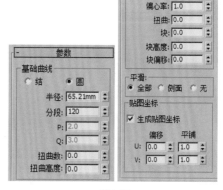

图4-51

- 结/圆：使用结时，环形将基于其他各种参数自身交织。使用圆时，可以出现围绕圆形的环形结效果。
- P、Q：描述上下（P）和围绕中心（Q）的缠绕数值。
- 扭曲数/扭曲高度：设置曲线周围的星形中的点数和扭曲的高度。
- 偏心率：设置横截面主轴与副轴的比率。
- 扭曲：设置横截面围绕基础曲线扭曲的次数。

油罐、胶囊和纺锤等都是圆柱的扩展几何体，很显然这一类几何模型被称为扩展基本体的原因在于它们都是标准基本体演变而来的。

4.2.3　切角长方体

可以创建具有倒角或圆形边的长方体，如图4-52所示，其参数面板如图4-53所示。

- 高度：设置沿着中心轴的维度，负数值将在构造平面下方创建圆柱体。

● 高度分段：设置沿着圆柱体主轴的分段数量。

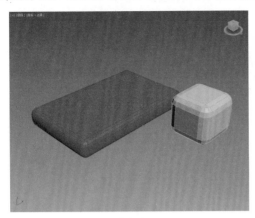

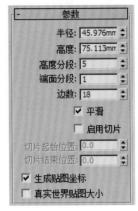

图4-52　　　　　　　　　　　　　　图4-53

4.2.4　切角圆柱体

可以创建具有倒角或圆形封口边的圆柱体，如图4-54所示，其参数面板如图4-55所示。

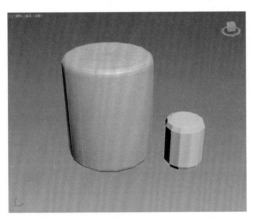

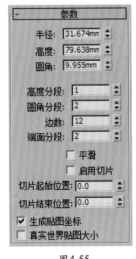

图4-54　　　　　　　　　　　　　　图4-55

● 圆角：斜切切角圆柱体的顶部和底部封口边。
● 圆角分段：设置圆柱体圆角边时的分段数。

4.3　复合对象

布尔是通过对两个以上的物体进行并集、差集、交集、切割的运算，从而得到新的物体形态。放样是将二维图形作为三维模型的横截面，沿着一定的路径，生成三维模型，横截面和路径可以变化，从而生成复杂的三维物体。下面将介绍布尔和放样的应用。

4.3.1　布尔运算

布尔运算包括并集、差集、交集（A-B）、交集（B-A）、切割等运算方式。利用不同的运算方式，会形成不同的物体形状。在布尔的子命令中可以单击操作对象来修改布尔的结果，其参数面板如图4-56所示。

图4-56

参数面板中各个参数的含义如下。

- 并集：选中该选项后，将两个物体合并到一起，物体之间的相交部分被移除。
- 交集：选中该选项后，保留两个物体之间的相交部分。
- 差集：选中该选项后，用于从一个物体减去与另一个物体的重叠部分，在相减运算过程中必须指明物体A和物体B。
- 切割：选中该选项后，用于使用一个物体剪切另一个物体，类似于相减运算。其中切割方式分为优化、分割、移出内部和移出外部四种。

4.3.2 放样

放样是将二维图形作为三维模型的横截面，沿着一定的路径，生成三维模型，所以只可以对样条线进行放样。放样参数面板如图4-57、图4-58和图4-59所示。

图4-57

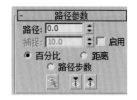

图4-58

图4-59

其中，"创建方法"栏中各参数选项的含义介绍如下。

- 获取路径：当选择完截面后，单击此按钮，可以在视图中选择将要作为路径的线形，从而完成放样过程。
- 获取图形：当选择完路径后，单击此按钮，可以在视图中选择将要作为截面的线形，从而完成放样过程。
- 平滑长度：在路径方向上平滑放样表面。
- 平滑宽度：在截面圆周方向上平滑放样表面。
- 应用贴图：控制放样贴图坐标。勾选此复选框，系统会根据放样对象的形状自动赋予贴图大小。
- 真实世界贴图大小：控制应用于该对象的纹理贴图材质所使用的缩放方法。
- 长度重复：设置沿着路径的长度重复贴图的次数。
- 宽度重复：设置围绕横截面图形的周界重复贴图的次数。
- 面片：放样过程可生成面片对象。
- 网格：放样过程可生成网格对象，这是默认设置。

"路径参数"栏中选项用于确定路径上不同的位置点，面板中各参数的含义介绍如下。

- 路径：通过输入值或单击微调按钮来设置路径的级别。
- 捕捉：用于设置沿着路径图形之间的恒定距离。
- 路径步数：将图形置于路径步数和顶点上，而不是作为沿着路径的一个百分比或距离。

"蒙皮参数"栏中选项用于设置放样模型在各个方向上的段数以及表皮结构，面板中各参数的含义介绍如下。

- 封口始端：如果启用，则路径第一个顶点处的放样端被封口。如果禁用，则放样端为打开或不封口状态。
- 封口末端：如果启用，则路径最后一个顶点处的放样端被封口。如果禁用，则放样端为打开或不封口状态。
- 图形步数：设置横截面图形每个顶点之间的步数。
- 路径步数：设置路径的每个主分段之间的步数。
- 优化图形：启用后，对于路径的直线线段忽略"路径步数"。
- 自适应路径步数：启用后，分析放样并调整路径分段的数目，生成最佳蒙皮。
- 轮廓：启用后，每个图形都将遵循路径的曲率。
- 倾斜：启用后，只要路径弯曲并改变其局部z轴的高度，图形便围绕路径旋转，倾斜量由3ds Max控制。
- 恒定横截面：启用后，在路径中的角处缩放横截面，以保持路径宽度一致。
- 线性插值：启用后，使用每个图形之间的直边生成放样蒙皮。
- 翻转法线：启用后，法线将翻转180°。
- 四边形的边：启用后，切放样对象的两部分具有相同数目的边，此时两部分缝合到一起的面将显示为四方形。

● 变换降级：使放样蒙皮在子对象图形/路径变换过程中消失。

在制作放样物体前，首先要创建放样物体的二维路径与截面图形。例如，在"前"视图中创建星形，如图4-60所示。然后在样条线创建命令面板中单击"弧"按钮，在"顶"视图中绘制一条弧线，做为放样路径，如图4-61所示。

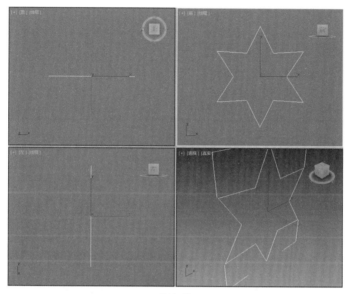

图4-60

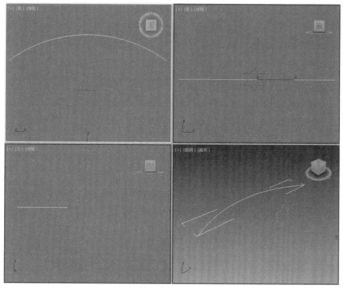

图4-61

选择"样条线"，使曲线处于激活状态，在复合对象创建命令面板中单击"放样"按钮，然后在"创建方法"卷展栏中单击"获取图形"按钮，在视口中选择星形截面，如图4-62所示。最后单击即可完成放样操作，如图4-63所示。

放样操作很关键，应多加练习体验，以达到熟练应用。

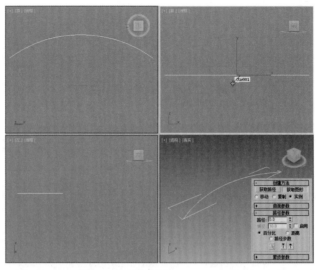

图4-62

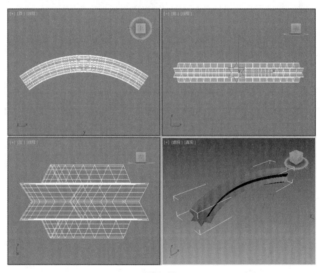

图4-63

4.4 编辑多边形

如果对创建的模型不满意，可以选择需要修改的模型，将其转换为可编辑多边形，然后进行编辑顶点、边、多边形和元素子对象。

4.4.1 选择多边形对象

在进行编辑多边形之前，首先应准确选择多边形。利用菜单命令可以设置选择方式和选择区域，然后即可选择实体对象。

选择方式实体对象的方式有许多种，可以按名称、层和颜色进行选择对象。可以通过以下方式设置选择方式。

- 执行"编辑"→"选择方式"→"名称"命令。
- 执行"编辑"→"选择方式"→"层"命令。

● 执行"编辑"→"选择方式"→"颜色"命令。

除了设置选择方式进行选择实体以外，还可以设置选择区域来框选需要选择的物体。这种方法对于选择大量实体非常方便。选择区域包括矩形选区、圆形选区、围栏选区、套索选区、绘制选择选区等，可以根据需要设置合适的选择区域。

如果需要对多边形的顶点、线段、面进行修改，就需要将多边形转换为可编辑多边形。首先选择多边形并右击，在弹出的快捷菜单中执行"转换为可编辑多边形"命令，如图4-64所示。此时，物体将转换为可编辑多边形，在"修改"选项卡的堆栈栏中可以选择编辑的子对象选项，如图4-65所示。

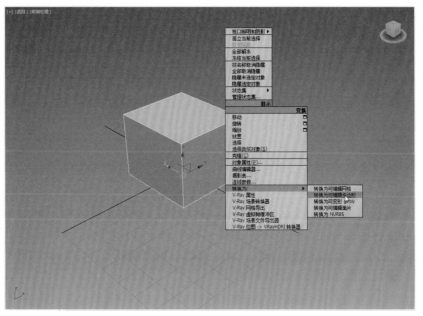

图4-64

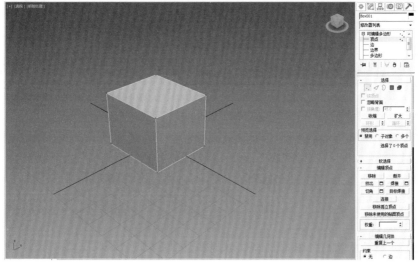

图4-65

4.4.2 编辑顶点子对象

在顶点、边和面之间创建的多边形，这些元素称为多边形子对象，将多边形转换为可编辑样条线之后，可以编辑顶点子对象、边子对象、多边形子对象和元素子对象等。

下面介绍切换顶点子对象的方法。

- 单击鼠标右键，在弹出的快捷菜单中选择"顶点"选项，如图4-66所示。
- 单击"修改"按钮，打开"修改"选项卡，在堆栈栏中展开"可编辑多边形"卷展栏，然后单击"顶点"选项，如图4-67所示。

在选择"顶点"选项后，命令面板的下方将出现修改顶点子对象的卷展栏，下面具体介绍各选项的含义。

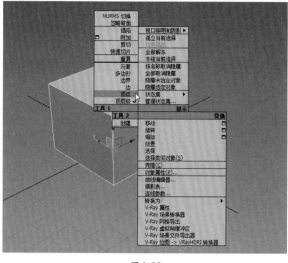

图4-66

- 选择：设置需要编辑的子对象，并对选择的顶点进行创建和修改。在卷展栏的下方还会显示有关选定实体的信息。

- 软选择：控制允许部分地选择显示选择邻接处中的子对象，在对子对象选择进行变换时，被部分选定的子对象就会平滑地进行绘制，这种效果随着距离或部分选择的"强度"而衰减。在勾选"使用软选择"复选框后，才可以进行软选择操作。

- 编辑顶点：提供编辑顶点的工具。

编辑几何体：提供了许多编辑可编辑多边形的工具。只有子物体为顶点、边或边界时，才能使用"切片平面"和"快速切片"进行切片处理。

- 细分曲面：将细分应用于采用网格平滑格式的对象，以便可以对分辨率较低的"框架"网格进行操作，同时查看更为平滑的细分结果。该卷展栏既可以在所有子对象层级使用，也可以在对象层级使用。因此，会影响整个对象。

- 细分置换：指定用于细分可编辑多边形对象的曲面近似设置。这些控件的工作方式与NURBS曲面的曲面近似设置相同。对可编辑多边形对象应用置换贴图时会使用这些控件。

图4-67

- 绘制变形："绘制变形"可以推、拉或者在对象曲面上移动光标来影响顶点。在对象层级上，"绘制变形"可以影响选定对象中的所有顶点。在子对象层级上，仅会影响选定顶点（或属于选定子对象的顶点）以及识别软选择。

4.4.3 编辑边子对象

激活边子对象，在命令面板的下方会弹出编辑边子对象的各卷展栏，设置边子对象和顶点子对象的卷展栏是相同的，这里就不具体介绍，和编辑顶点子对象唯一不同的是增加了"编辑边"卷展栏（如图4-68所示）。下面具体介绍"编辑边"卷展栏中常用选项的含义。

- 插入顶点：单击该按钮，可以在多边形的边上插入顶点。

- 移除：删除选定边并组合使用这些边的多边形。
- 挤出：挤出选择的边，并创建多边形。
- 切角：将选定的边进行切角操作，切角之后可以创建面，或者设置创建面的边数。
- 分割：将一个实体对象分割成几个单独的实体。
- 焊接：将不闭合物体边界上的两条边通过焊接命令，将其更改为闭合图形。当选择物体的两条边进行焊接操作时，如果没有焊接成功，可以更改焊接数值大小，即可完成焊接。
- 目标焊接：单击"目标焊接"按钮后，通过指定的边可以完成目标焊接。
- 连接：选择多边形的边，然后创建多个边线。

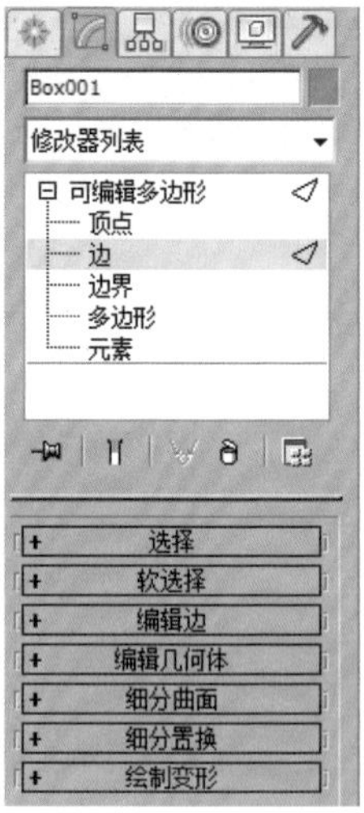

图4-68

4.4.4 编辑多边形子对象

编辑多边形子对象，主要是对多边形的面进行编辑，与顶点和边不同的是，在编辑多边形子对象的卷轴栏增加了"编辑多边形""多边形：平滑组"和"多边形：顶点颜色"卷展栏（如图4-69所示）。下面具体介绍各选项的含义。

- "编辑多边形"卷展栏：该卷展栏包括多边形的元素和通用命令。
- "多边形：平滑组"卷展栏：使用该卷展栏中的控件，可以向不同的平滑组分配选定的多边形，还可以按照平滑组选择多边形。要向一个或多个平滑组分配多边形，请选择所需的多边形，然后单击要向其分配的平滑组数。
- "多边形：顶点颜色"卷展栏：设置顶点的颜色，照明颜色和顶点透明度。
- "编辑多边形"：包含很多多边形的通用命令，利用该卷展栏中的控件可以对多边形进行编辑操作。下面具体介绍该卷展栏中各常用选项的含义。

图4-69

  - 插入顶点：单击该按钮后，在任意面中单击鼠标左键即可插入顶点。
  - 挤出：选择面后设置挤出高度挤出实体。
  - 轮廓：设置多边形面轮廓大小。
  - 倒角：设置倒角值，创建倒角面。
  - 插入：选择面并设置插入组合数量，可以插入面。
  - 桥：桥就是将两个不相关的图形连接在一起，单击"桥"按钮，然后选择需要进行桥命令的面，连接完成后会出现一条横线，也就是桥。
  - 翻转：将选择的面进行翻转选定多边形（或者元素）的法线方向，就是翻转的作用。
  - 从边旋转：根据设置的旋转角度和指定的旋转轴，进行旋转面操作。
  - 沿样条线挤出：将绘制的二维样条线转换为可编辑多边形，然后单击该按钮，可以挤出样条线。

拓展案例1： 制作梳妆台模型

本案例文件在"光盘:\素材文件\第4章"目录下。

🖥 **绘图要领**

（1）利用样条线命令制作抽屉边框。

（2）使用样条线、长方体、挤出等命令创建梳妆台桌面造型。

（3）绘制桌腿造型。

（4）创建镜面和镜面装饰。

最终效果如图4-70所示。

图4-70

拓展案例2： 制作双人床模型

本案例文件在"光盘:\素材文件\第4章"目录下。

🖥 **绘图要领**

（1）使用长方体命令绘制床头柜。

（2）使用长方体等命令绘制靠背和底座。

（3）使用切角长方体命令绘制床垫。

最终效果如图4-71所示。

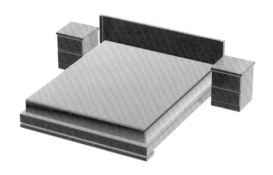

图4-71

第5章
05 创建家居模型

内容概要：

　　修改器建模也是一种重要的建模方式，其原理是通过为对象加载修改器进行模型的建立。在这里，将对多种常用的修改器进行讲解，并利用它创建室内家居模型。通过对本章内容的学习，可以创建出更为复杂精细的模型。

知识要点：

● 修改器的使用
● 挤出修改器
● 车削修改器
● FFD修改器
● 弯曲修改器
● 扭曲修改器

课时安排：

理论教学2课时
上机实训4课时

案例效果图：

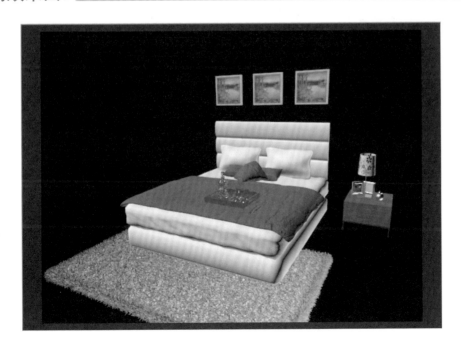

案例描述

本案例创建的是双人床模型，看似简单，但应用的知识点颇多。其中包含了床板、床垫、枕头、抱枕以及床头柜等元素。通过对该模型的练习，可以熟悉各建模工具的使用方法与应用技巧。

案例文件

本案例素材文件和最终文件在"光盘:\素材文件\第5章"目录下，本案例的操作视频在"光盘:\操作视频\第5章"目录下。

案例详解

下面将根据双人床的组成部分进行划分，逐一对各模型的制作方法进行介绍，具体的操作过程如下所述。

STEP 01 首先制作靠背，在"顶"视图创建长方体，参数设置如图5-1所示。

STEP 02 将长方体转换为可编辑多边形，在堆叠栏中展开"可编辑多边形"列表框，在弹出的列表中选择"顶点"选项，如图5-2所示。

图5-1

图5-2

STEP 03 在"左"视图调整顶点，如图5-3所示。

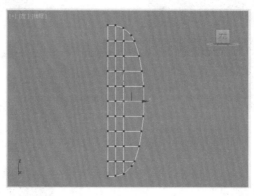

图5-3

STEP 04 将编辑后的长方体复制并进行排列，此时靠背就制作完成了，如图5-4所示。

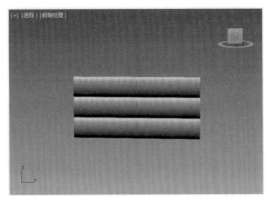

图5-4

STEP 05 接下来开始制作床板和床垫，在"顶"视图创建切角长方体，参数如图5-5所示。

STEP 06 复制实体，将其移至床板上方，然后将上方实体添加"噪波"修改器，将床垫设置为装好床垫套的效果。"噪波"参数如图5-6所示。

图5-5

图5-6

STEP 07 设置完成后，床板和床垫就制作完成了，效果如图5-7所示。

STEP 08 下面开始制作枕头，在"顶"视图创建长方体，参数如图5-8所示。

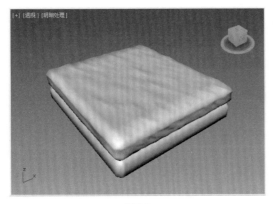

图5-7

图5-8

STEP 09 将长方体转换为可编辑多边形，然后在各个视图调整顶点，如图5-9所示。

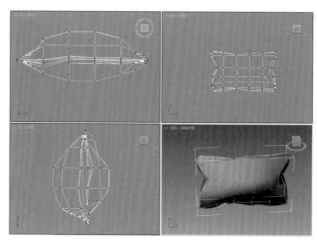

图5-9

STEP⑩ 在修改器列表中选择"涡轮平滑"选项，并在"涡轮平滑"卷展栏中设置迭代次数为2。设置完成后，枕头就制作完成了，如图5-10所示。

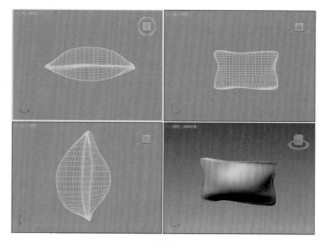

图5-10

STEP⑪ 重复以上步骤制作抱枕，制作完成后，将枕头和抱枕放置在合适位置，效果如图5-11所示。

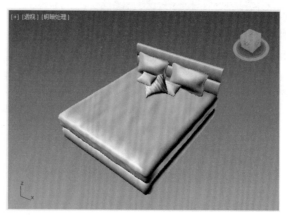

图5-11

STEP **12** 下面开始制作地毯，在"顶"视图创建切角长方体，参数如图5-12所示。

STEP **13** 在修改器列表中选择"噪波"选项，并设置其参数，如图5-13所示。

图5-12

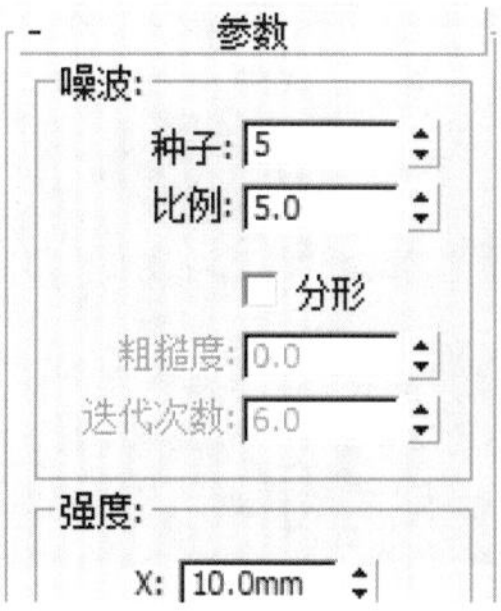

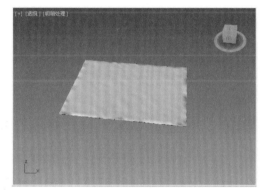

图5-13

STEP **14** 设置参数后即可完成噪波效果，如图5-14所示。

图5-14

STEP **15** 在命令面板中单击"标准基本体"列表框，在其下拉列表中选择"VRay"选项，如图5-15所示。

STEP **16** 在弹出的命令面板中单击"VR-毛皮"按钮，并设置其参数，如图5-16所示。

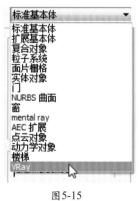

图5-15

图5-16

STEP **17** 设置完成后，选择"VR-毛皮"对象，调整其颜色，即可完成地毯的制作，如图5-17所示。

STEP 18 下面制作装饰画，在命令面板中单击 按钮，单击"样条线"列表框，在其下拉列表中选择"扩展样条线"选项，如图5-18所示。

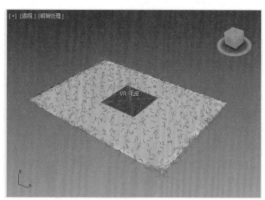

图5-17　　　　　　　　　　　　　　　　　图5-18

STEP 19 在命令面板中单击"墙矩形"按钮，然后在"前"视图创建样条线，样条线长为413mm、宽为438mm、厚为30mm，设置完成后的效果如图5-19所示。

STEP 20 在修改器列表中选择"挤出"选项，并设置参数，如图5-20所示。

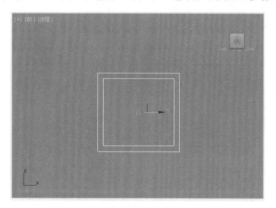

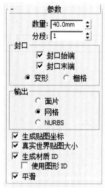

图5-19　　　　　　　　　　　　　　　　　图5-20

STEP 21 设置完成后，样条线将挤出为实体，如图5-21所示。

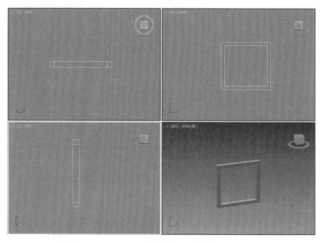

图5-21

STEP 22 在"前"视图创建长方体，参数如图5-22所示。

STEP 23 添加材质后装饰画就制作完成了，效果如图5-23所示。

图5-22   图5-23

STEP 24 导入"被子"模型，将装饰画成组并在顶视图平行复制两个，并将其放置在合适位置，效果如图5-24所示。

图5-24

STEP 25 接着制作台灯，在"前"视图绘制样条线，如图5-25所示。

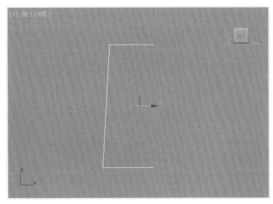

图5-25

STEP 26 在修改器列表中选择"车削"选项，在"对齐"卷展栏中单击"最大"按钮，设置完成后，即可完成车削操作，如图5-26所示。

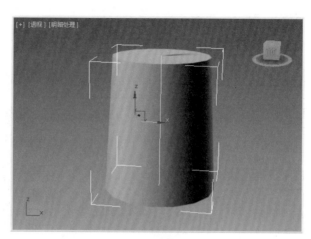

图5-26

STEP27 将实体转换为可编辑多边形，在堆伐栏中选择"多边形"选项，并返回视图，同时选择顶面和底面，如图5-27所示。

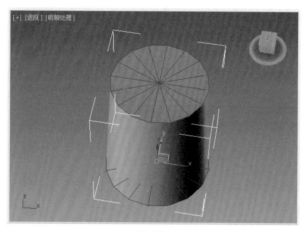

图5-27

STEP28 在修改器列表中选择"壳"选项，并在"参数"卷展栏中设置参数，如图5-28所示。

STEP29 设置参数后，实体将向内添加3mm的壳，如图5-29所示。

图5-28

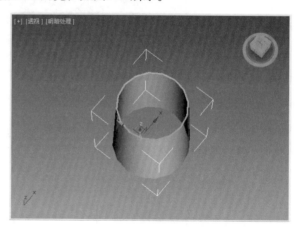

图5-29

STEP 30 继续创建圆柱体和长方体，作为台灯的灯柱和底座，如图5-30所示。

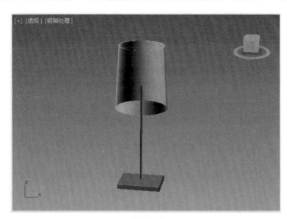

图5-30

STEP 31 继续导入床头柜和装饰品，然后添加材质，双人床就制作完成了，最终效果如图5-31所示。

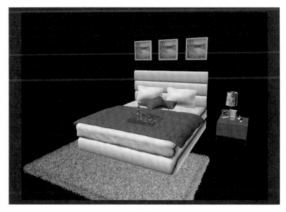

图5-31

3ds 【从零起步】

5.1 初识修改器

　　3ds Max的建模方法有很多种，其中，几何体建模和样条线建模是较为基础的建模方式，而修改器建模则是建立在这两种建模之上的。配合使用这两种建模方法，可以创建很多意想不到的模型效果。

5.1.1 为对象添加修改器

　　单击修改器下拉列表，从中选择需要的修改器，即可完成添加，如图5-32所示。

上述面板中各按钮的介绍如下。

- 锁定堆栈：激活该按钮，可将堆栈和修改面板的所有空间锁定到选定对象的堆栈中。
- 显示最终结果：激活该按钮后，会在选定的对象上显示整个堆栈的效果。
- 使唯一：激活该按钮，可将关联的对象修改成独立对象，这样就可以对选择集中的对象单独进行编辑。
- 从堆栈中移除修改器：单击该按钮，可以删除当前修改器。
- 配置修改器：单击该按钮，可弹出一个菜单，该菜单中的命令主要用于配置在修改面板中如何显示和选择修改器。

图5-32

5.1.2　修改器的类型

选择二维图像对象，然后打开修改器列表，可以看到很多种修改器。选择三维模型对象，然后再打开修改器列表，也会看到有很多种修改器。但会发现，二维图形和三维模型所对应的修改器是不同的。这些修改器被放置在几个不同类型的修改器集合中，分别为选择修改器、世界空间修改器和对象空间修改器三种，如图5-33和图5-34所示。

图5-33

图5-34

修改器的类型有很多种，若是用户自行安装部分插件，修改器可能还会相应增加。下面对常见的修改器类型进行介绍。

1. 选择修改器

- 网格选择：该修改器可以在堆栈中为后续修改器向上传递一个子对象选择。可以选择顶点、边、面、多边形或元素。
- 面片选择：该修改器可以在堆栈中为后续修改器上传一个子对象选择。
- 样条线选择：该修改器将图形的子对象选择传到堆栈，传给随后的修改器。
- 多边形选择：该修改器可以在堆栈中为后续修改器向上传递一个子对象选择。
- 体积选择：该修改器可以对顶点或面进行子对象选择，沿着堆栈向上传递给其他修改器。

2. 世界空间修改器

- Hair和Fur（WSM）：用于为物体添加毛发。
- 摄影机贴图（WSM）：使用摄影机将UVW贴图坐标应用于对象。
- 曲面变形（WSM）：其工作方式与路径变形（WSM）修改器相同，只是它使用NURBS点或CV曲线变形。
- 曲面贴图（WSM）：将贴图指定给NURBS曲面，并将其投射到修改的对象上。
- 点缓存（WSM）：使用该修改器可将修改器动画存储到磁盘中，然后使用磁盘文件中的信息来播放动画。
- 细分（WSM）：提供用于光能传递创建网格的一种算法，光能传递的对象要尽可能接近等边三角形。
- 置换网格（WSM）：用于查看置换贴图的效果。
- 贴图缩放器（WSM）：用于调整贴图的大小并保持贴图的比例。
- 路径变形（WSM）：可根据图形、样条线或NURBS曲线路径将对象进行变形。
- 面片变形（WSM）：可根据面片将对象进行变形。

5.2 挤出修改器

挤出修改器可以将绘制的二维样条线挤出厚度，从而产生三维实体。在使用挤出修改器后，命令面板的下方将会显示用于设置挤出值参数的面板，如图5-35所示。

其参数面板中各选项的含义介绍如下。

- 数量：设置挤出实体的厚度。
- 分段：设置挤出厚度上的分段数量。
- 封口：该选项组用于设置在挤出实体的顶面和底面上是否封盖实体。
- 变形：用于变形动画的制作，保证点面数恒定不变。

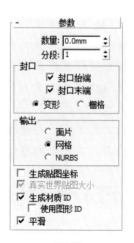

图5-35

- 栅格：对边界线进行重新排列处理，以最精简的点面数来获取优秀的模型。
- 输出：设置挤出的实体输出模型的类型。
- 生成贴图坐标：为挤出的三维实体生成贴图材质坐标。勾选该复选框，将激活"真实世界贴图大小"复选框。
- 真实世界贴图大小：贴图大小由绝对坐标尺寸决定，与对象相对尺寸无关。
- 生成材质ID：自动生成材质ID，设置顶面材质ID为1、底面材质ID为2、侧面材质ID为3。
- 使用图形ID：勾选该复选框，将使用线形的材质ID。
- 平滑：将挤出的实体平滑显示。

> **提 示**
>
> 如果绘制的线段为封闭的，可以挤出带有地面面积的三维实体。如果绘制的线段不是封闭的，那么挤出的实体是片状的。

5.3 车削修改器

车削修改器通过旋转绘制的二维样条线创建三维实体，该修改器用于创建中心放射物体。在使用车削修改器后，命令面板的下方将显示相应的参数选项，如图5-36所示。

其中，参数面板中各参数选项的含义介绍如下。

图5-36

- 度数：设置车削实体的旋转度数。
- 焊接内核：将中心轴向上重合的点进行焊接精减，以得到结构相对简单的模型。
- 翻转法线：将模型表面的法线方向反向。
- 分段：设置车削线段后，旋转出的实体上的分段。值越高，实体表面越光滑。
- 封口：该选项组用于设置在挤出实体的顶面和底面上是否封盖实体。
- 方向：该选项组用于设置实体进行车削旋转的坐标轴。
- 对齐：该选项组用于控制曲线旋转式的对齐方式。
- 输出：设置挤出的实体输出模型的类型。
- 生成材质ID：自动生成材质ID，设置顶面材质ID为1、底面材质ID为2、侧面材质ID为3。
- 使用图形ID：勾选该复选框，将使用线形的材质ID。
- 平滑：将挤出的实体平滑显示。

5.4 FFD修改器

FFD修改器是对网格对象进行变形修改的最重要的修改器之一，其特点是通过控制点的移动，带动网格对象表面产生平滑一致的变形，其参数面板如图5-37所示。

3ds Max中包括"FFD2*2*2" "FFD3*3*3" "FFD4*4*4" "FFD（圆柱体）"和"FFD（长方体）"五种修改器类型。

其中，参数面板中各选项含义介绍如下。

- 晶格：将绘制连接控制点的线条以形成栅格。
- 源体积：控制点和晶格会以未修改的状态显示。
- 仅在体内：只影响处在最小单元格内的面。
- 所有顶点：影响对象的全部节点。
- 重置：将所有控制点返回到它们的原始位置。
- 全部动画化：将"点"控制器指定给所有控制点，这样它们在"轨迹视图"中立即可见。
- 与图形一致：在对象中心控制点位置之间沿直线延长线，将每一个FFD控制点移到修改对象的交叉点上，这将增加一个由"偏移"微调器指定的偏移距离。
- 内部点：仅控制受"与图形一致"影响的对象内部点。
- 外部点：仅控制受"与图形一致"影响的对象外部点。
- 偏移：受"与图形一致"影响的控制点偏移对象曲面的距离。

图5-37

5.5 弯曲修改器

弯曲修改器可以使物体进行弯曲变形，可以设置弯曲角度和方向等，还可以将修改限在指定的范围内。在调用弯曲修改器后，命令面板下方将显示相应的弯曲值参数选项，如图5-38所示。

其中，参数面板中各选项的含义介绍如下。

- 弯曲：控制实体的角度和方向值。
- 弯曲轴：控制弯曲的坐标轴向。
- 限制：限制实体弯曲的范围。勾选"限制效果"复选框，将激活"限制"命令，在"上限"和"下限"选项框中设置限制范围即可完成限制效果。

图5-38

5.6 扭曲修改器

扭曲修改器可以使实体呈麻花或螺旋状，可以按照指定的轴进行扭曲操作。利用该修改器可以制作绳索，或带有螺旋形状的立柱等。在使用扭曲修改器后，命令面板下方将显示用于设置实体扭曲参数的选项，如图5-39所示。

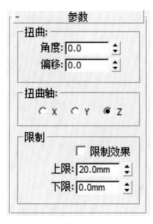

图5-39

其中，参数面板中各选项的含义介绍如下。

● 角度：用于设置实体的扭曲角度。

● 偏移：用于设置扭曲向上或向下的偏向度。

● 扭曲轴：设置实体扭曲的坐标轴。

● 限制：限制实体扭曲范围，勾选"限制效果"复选框，将激活"限制"命令，在"上限"和"下限"选项框中设置限制范围即可完成限制效果。

3ds 【拓展案例】

拓展案例1：制作灯泡模型

本案例文件在"光盘:\素材文件\第5章"目录下。

🖥 绘图要领

（1）绘制一条样条线作为灯泡的玻璃罩廓线。

（2）使用车削修改器创建玻璃罩造型。

（3）绘制一条曲线作为灯泡底座轮廓造型，并使用车削修改器生成底座。

（4）制作芯柱模型，最后完成灯泡模型的创建。

最终效果如图5-40所示。

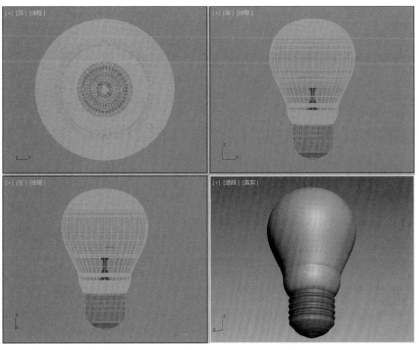

图5-40

拓展案例2： 制作个性吧椅模型

本案例文件在"光盘:\素材文件\第5章"目录下。

🖥 绘图要领

（1）使用线命令在"前"视图绘制吧椅曲线。

（2）调整样条线之后将其挤出厚度，然后添加壳。

（3）使用圆柱体、长方体等标准基本体，绘制底座和支柱。

（4）进行布尔运算，将座椅布尔出洞口，移动底座和支柱至合适位置。

最终效果如图5-41所示。

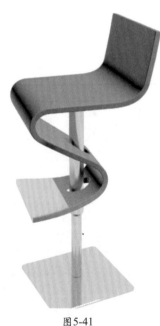

图5-41

第6章

06 制作书房效果图

内容概要：

　　材质是指物体表面的质地、质感。材质有很多属性特征，常见的有颜色、纹理、光滑度、透明度、反射/折射、发光度、凹凸等。物体正是有了这些属性特征，才展现出了不同的视觉效果。本章将对材质编辑器、材质的设置、材质的类型等内容进行介绍。

知识要点：

● 材质编辑器的应用
● 漫反射的设置
● 反射高光的设置
● 不透明度的设置
● 标准材质
● V-Ray材质

课时安排：

理论教学2课时
上机实训4课时

案例效果图：

📺 案例描述

　　本案例创建的是一个书房场景，完成书房模型的创建之后，便可以为其赋予材质了，以使书房呈现出最佳的效果。

📺 案例文件

　　本案例素材文件和最终文件在"光盘:\素材文件\第6章"目录下，本案例的操作视频在"光盘:\操作视频\第6章"目录下。

📺 案例详解

　　下面将依次创建场景中需要的材质，具体的操作方法如下所述。

STEP 01 打开素材文件"创建书房场景.max"，按M键打开材质编辑器，选择一个空白材质球，设置为VRayMtl材质，设置漫反射颜色为白色，再为漫反射通道添加VRay边纹理贴图，进入VRay边纹理参数设置面板，设置纹理颜色和像素，如图6-1所示。

STEP 02 漫反射颜色及纹理颜色的参数设置如图6-2所示。

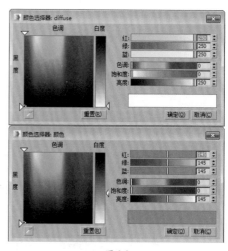

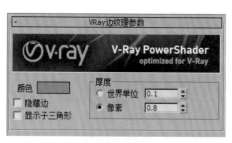

图6-1　　　　　　　　　　　　　　　　图6-2

STEP 03 按F10键打开渲染设置对话框，打开"全局开关"卷展栏，将创建的材质球拖动到覆盖材质下，如图6-3所示。

STEP 04 渲染场景，线框效果如图6-4所示。

STEP 05 首先制作地面的瓷砖材质。选择一个空白材质球，设置为VRayMtl材质，在"贴图"卷展栏中为漫反射通道添加位图贴图文件"新亚米黄-1（2）.jpg"，为反射通道添加衰减贴图，为凹凸通道添加平铺贴图，如图6-5所示。

STEP 06 漫反射通道添加的瓷砖贴图如图6-6所示。

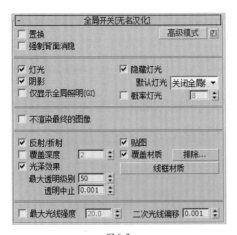

图6-3

图6-4

图6-5

图6-6

STEP 07 进入反射通道的衰减参数设置面板，设置衰减颜色和衰减类型，如图6-7所示。

STEP 08 衰减颜色的参数设置如图6-8所示。

图6-7

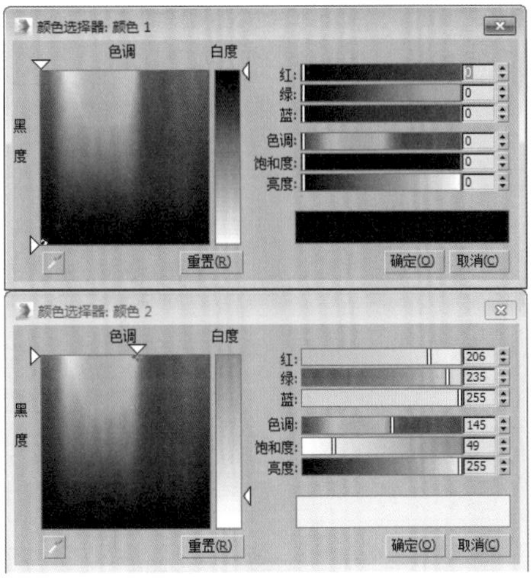

图6-8

STEP 09 进入凹凸通道的平铺参数设置面板，调整平铺的水平数与垂直数，再调整砖缝的水平间距和垂直间距，如图6-9所示。

STEP 10 返回"基本参数"卷展栏，设置反射参数，取消勾选"菲涅耳反射"复选框，如图6-10所示。

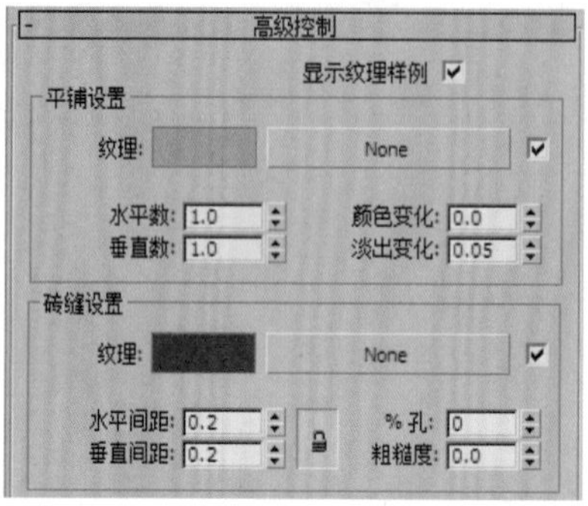

图6-9 图6-10

STEP 11 创建好的地砖材质球效果如图6-11所示。

STEP 12 将地砖材质指定给地面对象，并添加UVW贴图，取消勾选"覆盖材质"复选框，渲染场景效果如图6-12所示。

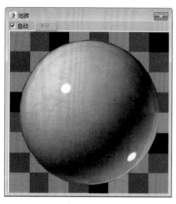

图6-11

图6-12

STEP 13 制作木纹理材质。选择一个空白材质球，设置为VRayMtl材质，在"贴图"卷展栏中为漫反射通道添加位图贴图文件"07006（23）.jpg"，为反射通道添加衰减贴图，如图6-13所示。

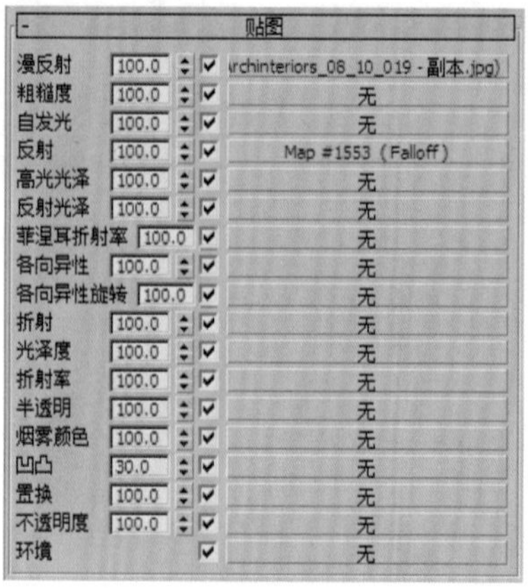

图6-13

STEP 14 漫反射通道添加的木纹理贴图，如图6-14所示。

STEP 15 进入衰减参数设置面板，设置衰减类型，如图6-15所示。

图6-14　　　　　　　　　　　　　　　　图6-15

STEP 16 返回到"基本参数"卷展栏，设置反射参数，取消勾选"菲涅耳反射"复选框，如图6-16所示。

STEP 17 创建好的木纹理材质球效果如图6-17所示。

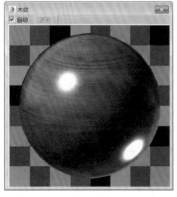

图6-16　　　　　　　　　　　　　　　　图6-17

STEP 18 将材质指定给书架及办公台，渲染效果如图6-18所示。

图6-18

STEP ⑲ 制作落地灯材质。选择一个空白材质球，设置为VRayMtl材质，设置漫反射颜色和反射颜色，再设置反射参数，如图6-19所示。

STEP ⑳ 漫反射颜色和反射颜色的参数设置如图6-20所示。

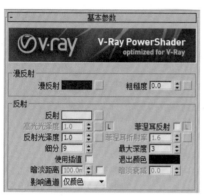

图6-19

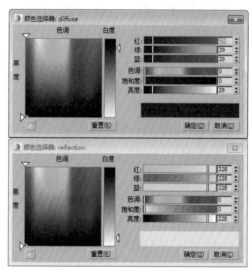

图6-20

STEP ㉑ 创建好的不锈钢材质球效果如图6-21所示。

STEP ㉒ 选择一个空白材质球，设置为VRayMtl材质，在"贴图"卷展栏中为漫反射通道和折射通道分别添加衰减贴图，如图6-22所示。

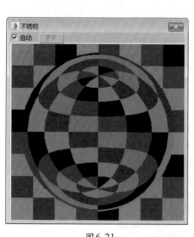

图6-21

图6-22

STEP ㉓ 进入漫反射通道的衰减参数设置面板，设置衰减颜色，如图6-23所示。

STEP ㉔ 衰减颜色的参数设置如图6-24所示。

STEP ㉕ 进入折射通道的衰减参数设置面板，设置衰减颜色，如图6-25所示。

STEP ㉖ 衰减颜色的参数设置如图6-26所示。

图 6-23

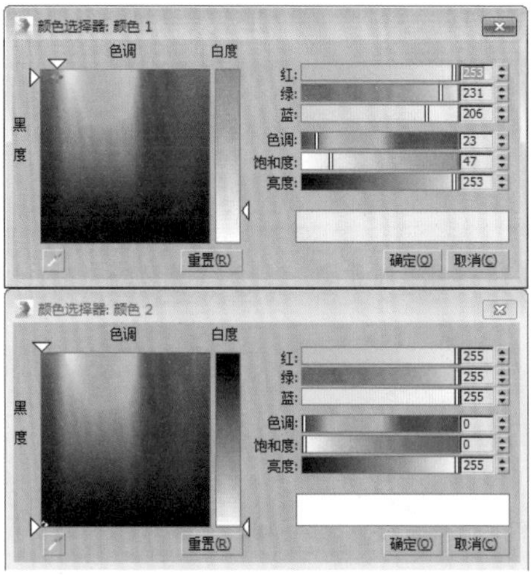

图 6-25

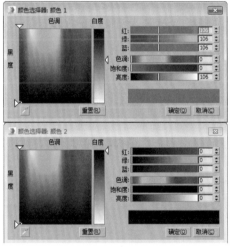

图 6-24

图 6-26

STEP **27** 返回到"基本参数"卷展栏中设置反射参数与折射参数,如图6-27所示。

STEP **28** 在"选项"卷展栏中取消勾选"雾系统单位比例"复选框,设置中止值,如图6-28所示。

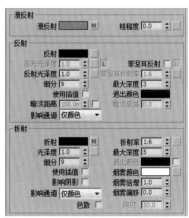

图 6-27

图 6-28

STEP 29 创建好的灯罩材质球效果如图6-29所示。

STEP 30 渲染场景效果如图6-30所示。

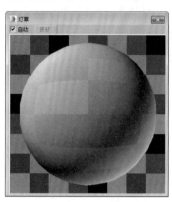
图6-29

图6-30

STEP 31 下面制作椅子材质。选择一个空白材质球，设置为多维/子对象材质，设置子对象数量为3，如图6-31所示。

STEP 32 设置子材质1，为其命名为"塑料"，设置材质为VRayMtl材质，设置漫反射颜色及反射参数，再为反射通道添加衰减贴图，如图6-32所示。

图6-31

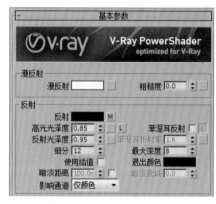
图6-32

STEP 33 进入衰减参数设置面板，设置衰减类型，如图6-33所示。

STEP 34 创建的子材质1材质球效果如图6-34所示。

图6-33

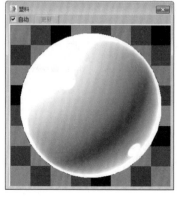
图6-34

STEP 35 设置子材质2，为其命名为"木"，设置为VRayMtl材质，为漫反射通道添加衰减贴图，设置反射颜色及反射参数，如图6-35所示。

STEP 36 反射颜色参数设置如图6-36所示。

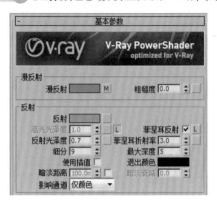

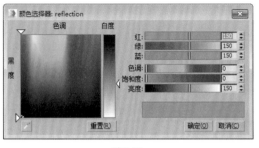

图6-35   图6-36

STEP 37 进入衰减设置面板，为衰减通道添加位图贴图文件"07006（40）.jpg"，如图6-37所示。

STEP 38 所添加的木材质纹理贴图如图6-38所示。

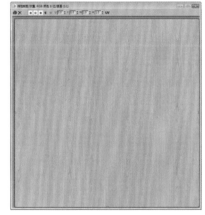

图6-37   图6-38

STEP 39 创建好的子材质2的材质球效果如图6-39所示。

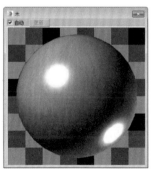

图6-39

STEP 40 创建子材质3，命名为"金属"，设置为VRayMtl材质，为漫反射通道和反射通道各自添加衰减贴图，设置反射参数，如图6-40所示。

STEP 41 进入漫反射通道的衰减参数设置面板，设置衰减颜色，如图6-41所示。

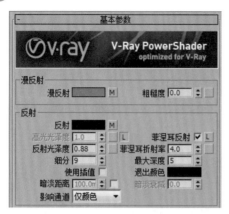

图6-40

图6-41

STEP 42 衰减颜色的参数设置如图6-42所示。

STEP 43 进入反射通道的衰减参数设置面板，设置衰减颜色，如图6-43所示。

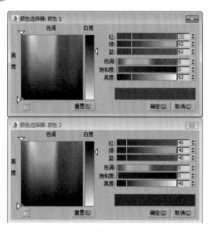

图6-42

图6-43

STEP 44 衰减颜色的参数设置如图6-44所示。

STEP 45 创建好的材质3的材质球效果如图6-45所示。

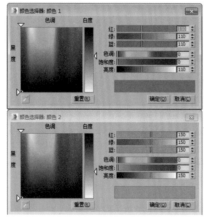

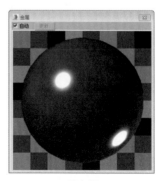

图6-44

图6-45

STEP 46 将多维/子对象材质指定给椅子模型，选择椅子模型，进入"元素"子层级，在"多边形：材质ID"卷展栏中设置ID号为1，则其对应到所创建的子材质1。以此类推，分别为椅子腿和金属连接件设置ID号，对应到多维/子对象材质中的材质2、3。如图6-46所示。

图6-46

STEP 47 制作场景中的其他材质，完成整个场景的制作，渲染场景，最终效果如图6-47所示。

图6-47

3ds 【从零起步】

6.1 材质编辑器

材质编辑器是一个独立的窗口。3ds Max中设置材质的过程都是在材质编辑器中进行的，通过材质编辑器可以将材质赋予给3ds Max的场景对象。

可以通过单击主工具栏中的按钮或者执行"渲染"菜单中的命令打开材质编辑器,如图6-48所示。可以看到材质编辑器分为菜单栏、材质示例窗、工具栏以及参数卷展栏四个组成部分。

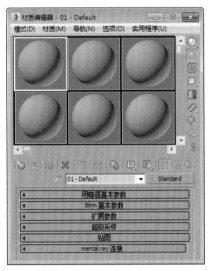

图6-48

6.1.1 菜单栏

材质编辑器的菜单栏在窗口的顶部,包括模式、材质、导航、选项、实用程序五个菜单,它提供了另一种调用各种材质编辑器工具的方式。

1."导航"菜单

该菜单栏提供导航材质的层次的工具,如图6-49所示。

- 转到父对象:等同于"转到父对象"按钮。
- 前进到同级:前进到同一级别。
- 后退到同级:后退到同一级别。

图6-49

2."选项"菜单

该菜单栏提供了一些附加的工具和显示选项,如图6-50所示。

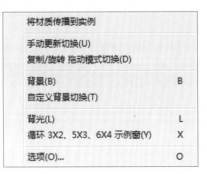

图6-50

- 将材质传播到实例:启用此选项时,后续指定的材质将传播到场景中对象的所有实例，包括导入的AutoCAD块和基于ADT样式的对象，这些都是DRF文件中常见的对象类型。指定还会传播到在当前场景中制作的Revit对象的实例以及其他实例。

- 手动更新切换：等同于"材质编辑器选项"对话框中的"手动更新"切换。
- 复制/旋转 拖动模式切换：可以旋转材质球，以便从不同的角度进行观察。
- 背景：对当前背景做一个透明化处理，可以更好地观察材质，有更好的调节。
- 自定义背景切换：如果已使用"材质编辑器选项"对话框指定了自定义背景，此选项会切换显示。
- 背光：系统在默认状态下有一个背光光影，如果关闭光影就不存在，系统在假象的情况下会产生一种光源，它不是真实光源，而是一种用于观察的假光源。
- 循环3×2、5×3、6×4示例窗：在示例窗右键单击菜单上的同级选项之间循环切换。
- 选项：可打开"材质编辑器选项"对话框。

3. "实用程序"菜单

该菜单提供贴图渲染和按材质选择对象，如图6-51所示。

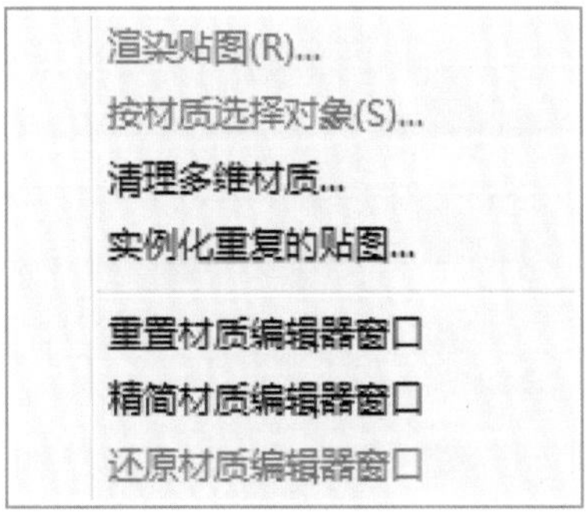

- 渲染贴图：对当前贴图进行渲染。
- 按材质选择对象：当前场景中已经赋予了材质，并没有很多对象，如果知道某个材质球在当前场景中运用到某个对象时，可以用按名称选择命令。
- 清理多维材质：打开"清理多维材质"实用程序。
- 实例化重复的贴图：打开"实例化重复的贴图"实用程序。

图6-51

- 重置材质编辑器窗口：用默认的材质类型替换材质编辑器中的所有材质。此操作不可撤消，但可以用"还原材质边器示例窗"命令还原"材质编辑器"以前的状态。
- 精简材质编辑器窗口：将"材质编辑器"中所有未使用的材质设置为默认类型，只保留场景中的材质，并将这些材质移动到编辑器的第一个示例窗中。此操作不可撤消，但可以用"还原材质边器示例窗"命令还原"材质编辑器"以前的状态。
- 还原材质编辑器窗口：当使用前两个命令之一时，3ds Max将材质编辑器的当前状态保存在缓冲区中，使用该命令可以利用缓冲区的内容还原编辑器的状态。

6.1.2 工具栏

材质编辑器的工具位于示例窗右侧和下侧，右侧是用于管理和更改贴图及材质的按钮。为了帮助记忆，通常将位于示例窗下面的工具栏称为水平工具栏，示例窗右侧的工具栏称为垂直工具栏。

1. 水平工具栏

水平工具栏主要用于材质与场景对象的交互操作，如将材质指定给对象、显示贴图应用等。下面将对垂直工具栏中的选项进行介绍。

- 获取材质▩：单击该按钮可以打开"材质/贴图浏览器"对话框。
- 将材质放入场景▩：可以在编辑材质之后更新场景中的材质。
- 将材质指定给选择对象▩：可以将活动示例窗中的材质应用于场景中当前选定的对象。
- 重置贴图/材质为默认设置▩：用于清除当前活动示例窗中的材质，使其恢复到默认状态。
- 复制材质▩：通过复制自身的材质生成材质副本，"冷却"当前热示例窗。
- 使唯一▩：可以使贴图实例成为唯一的副本，还可以使一个实例化的材质成为唯一的独立子材质，可以为该子材质提供一个新的材质名。
- 放入库▩：可以将选定的材质添加到当前库中。
- 材质ID通道▩：按住该按钮可以打开材质ID通道工具栏。选择相应的材质ID将其指定给材质，该效果可以被Video Post过滤器用来控制后期处理的位置。
- 在视口中显示明暗处理材质▩：可以使贴图在视图中的对象表面显示。
- 显示最终效果▩：可以查看所处级别的材质，而不查看所有其他贴图和设置的最终结果。
- 转到父对象▩：可以在当前材质中向上移动一个层级。
- 转到下一个同级项▩：将移动到当前材质中相同层级的下一个贴图或材质。
- 从对象拾取材质▩：可以在场景中的对象上拾取材质。

2. 垂直工具栏

垂直工具栏主要用于对示例窗中的样本材质球进行控制，如显示背景或检查颜色等。下面将对垂直工具栏中的选项进行逐一介绍。

- 采样类型▩：使用该按钮可以选择要显示在活动示例窗中的几何体。在默认状态下，示例窗显示为球体。
- 背光▩：用于切换是否启用背光。使用背光可以查看调整由掠射光创建的高光反射，此高光在金属上更亮，如图6-52所示。

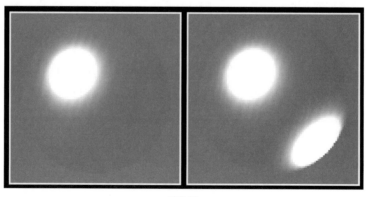

图6-52

- 背景▨：用于将多颜色的方格背景添加到活动示例窗中，该功能常用于观察透明材质的反射和折射效果，如图6-53所示。

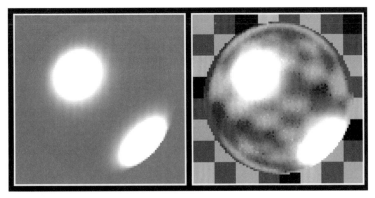

图6-53

- 采样UV平铺▢：可以在活动示例窗中调整采样对象上的贴图重复次数。使用该功能可以设置平铺贴图显示，对场景中几何体的平铺没有影响。
- 视频颜色检查▣：用于检查示例对象上的材质颜色是否超过安全NTSC和PAL阈值。
- 生成预览▨：可以使用动画贴图向场景添加运动。单击"生成预览"按钮，将会打开"创建材质预览"对话框，如图6-54所示。从中可以设置预览范围、帧速率和图像输出的大小。
- 选项▨：单击该按钮可以打开"材质编辑器选项"对话框，如图6-55所示，在对话框中提供了控制材质和贴图在示例窗中的显示方式。

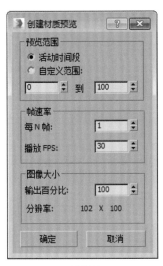

图6-54

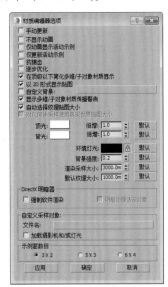

图6-55

- 按材质选择▨：该选项能够选择被赋予当前激活材质的对象。单击该按钮，可以打开"选择对象"对话框，如图6-56所示，所有应用该材质的对象都会在列表中高亮显示。

● 材质/贴图导航器 ▧：单击该按钮，可打开如图6-57所示的对话框。从中可以选
择各编辑层级的名称，且参数区也将跟着切换结果，随时切换到选择层级的参
数区域。

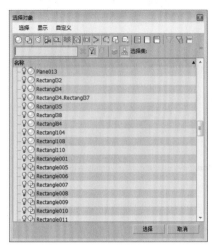

图6-56   图6-57

6.1.3 材质示例窗

使用示例窗可以保持和预览材质或贴图，每个窗口可以预览单个材质或贴图。可以将材
质从示例窗拖动到视口中的对象，还可以将材质赋予场景对象。

示例窗中样本材质的状态主要有三种。其中，实心三角形表示已应用于场景对象且该对
象被选中，空心三角形则表示应用于场景对象但对象未被选中，无三角形表示未被应用的材
质，如图6-58所示。

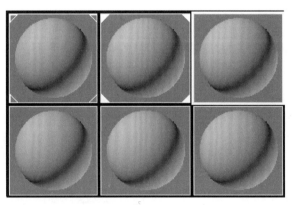

图6-58

材质编辑器有24个示例窗。可以一次查看所有示例窗，或一次6个（默认），或一次15
个。当一次查看的窗口少于24个时，使用滚动条可以在它们之间移动。

6.1.4 参数卷展栏

在示例窗的下方是材质参数卷展栏，这是在3ds Max中使用最为频繁的区域，包括明暗模
式、着色设置以及基本属性的设置等，不同的材质类型具有不同的参数卷展栏。图6-59所示

为标准材质类型的卷展栏。

图6-59

6.2 材质的设置

材质在很多方面的设置都是有共性的，在基于这些共同特点的同时，各种不同的材质又具备不同的特点，材质的设置也是根据这一特点来安排的。

6.2.1 漫反射

在3dx Max中，漫反射会影响材质本身的颜色。按下快捷键M打开材质编辑器，Blinn基本参数卷展栏的左下方是设置漫反射的选项区域，如图6-60所示。

图6-60

单击漫反射选项旁边的色块会开启颜色选择器，从中可以设置漫反射的颜色，如图6-61所示。在改变漫反射颜色的同时，材质编辑器中的材质球颜色随之改变，如图6-62所示。

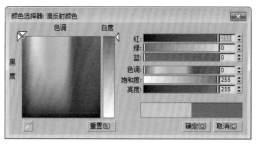

图6-61

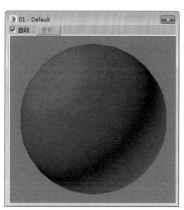

图6-62

6.2.2 反射高光

反射高光就是材质球上的亮点，在Blinn基本参数卷展栏的反射高光选项组中可以对材质的高光属性进行设置，如图6-63所示。

图6-63

1. 高光级别

高光级别参数用来控制高光的强度，默认为0，表示没有高光，参数越高，高光效果越强烈。当该参数为0时，没有高光效果。

2. 光泽度

光泽度参数用来控制高光的范围大小，较大的参数可以产生大范围的高光效果，但此时的高光点较少，该参数可以在0~100之间进行变换。

3. 柔化

柔化参数用来控制高光区域之间的过渡情况，它可以在0~1之间变化，参数值越大，过渡越平滑。

6.2.3　不透明度

在Blinn基本参数卷展栏下可以对材质的不透明度进行修改，该数值可在0~100之间变化，0表示全透明，100表示不透明。在使用透明材质时通常配合背景图案使用，以便于观察透明效果。不透明度为80和30的材质球效果分别如图6-64和图6-65所示。

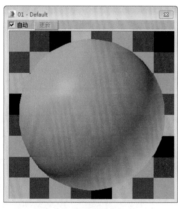

图6-64

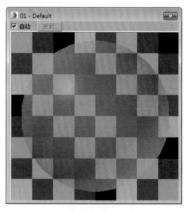

图6-65

6.3　材质的类型

在3ds Max软件中，默认材质为标准材质，在"渲染设置"对话框中更改渲染器为"V-Ray渲染器"后，"材质/贴图浏览器"对话框中的"材质"卷展栏中将会添加"V-Ray"选项。

6.3.1　标准

在"材质/贴图浏览器"对话框中展开"标准"卷展栏后，会弹出15个标准材质类型，其中包括Ink'n Paint、光线跟踪、双面、变形器、合成、壳材质等，如图6-66所示。下面具体介绍几个常用材质类型。

1. 标准

标准材质是3ds Max最常用的材质，可以模拟物体的表面颜色，或者通过添加贴图改变物体纹理。标准材质参数面板中包含明暗器基本参数、Blinn基本参数、扩展参数、超级采样、贴图等，每个卷展栏设置材质的选项不同，其各自功能介绍如下。

- "明暗器基本参数"卷展栏主要用于设置材质的质感，设置材质的显示方式，参数面板如图6-67所示。
- "Blinn基本参数"卷展栏会根据明暗基本参数中选择不同的明暗类型进行更改，在默认情况下，会自动选择Blinn明暗类型，参数面板如图6-68所示。

图6-66

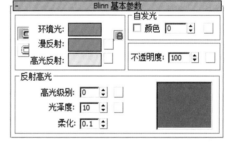

图6-68

图6-67

- "扩展参数"卷展栏通过设置透明和反射等制作更真实的透明材质，该卷展栏包含高级透明、线框和反射暗淡三个选项组，参数面板如图6-69所示。
- "贴图"卷展栏中可以对相应选项设置贴图，部分组件还会以实用贴图代替原有的材质颜色，参数面板如图6-70所示。

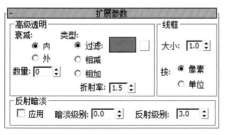

图6-69

图6-70

2. 建筑

在3ds Max 2016中提供了大量的建筑材质的模板，通过调整物理性质和配合灯光，可使材质达到更逼真的效果，建筑材质的参数面板如图6-71所示。

+	模板
+	物理性质
+	特殊效果
+	高级照明覆盖
+	超级采样
+	mental ray 连接

图6-71

其中，参数面板中各卷展栏的含义介绍如下。

● 模板：单击用户定义列表框，在弹出的列表中选择材质，将其设置当前建筑材质。
● 物理特性：对建筑材质整体进行设置，更改材质显示效果。
● 特殊效果：设置凹凸、置换、轻度、裁切等特殊效果值或添加相应贴图。
● 高级照明覆盖：通过该卷展栏可以调整材质在光能传递解决方案中的行为方式。

3. 混合

混合材质可以将两种不同的材质融合在一起，控制材质的显示程度，还可以制作成材质变形的动画。混合材质由两个子材质和一个遮罩组成，子材质可以是任何材质的类型，遮罩则可以访问任意贴图中的组件或者是设置位图等。混合材质的参数面板如图6-72所示。

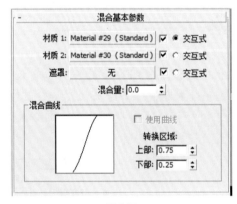

图6-72

其中，各参数选项的含义介绍如下。

● 材质1和材质2：设置各种类型的材质。默认材质为标准材质，单击后方的选项框，在弹出的材质面板中可以更换材质。
● 遮罩：使用各种程序贴图或位图设置遮罩。遮罩中较黑的区域对应材质1，较亮较白的区域对应材质2。
● 混合量：决定两种材质混合的百分比，当参数为0时，将完全显示第一种材质，当参数为100时，将完全显示第二种材质。

- 混合曲线：影响进行混合的两种颜色之间的变换的渐变或尖锐程度，只有指定遮罩贴图后，才会影响混合。

4. 双面

在现实生活中，有许多物体都是双面的，即由内部和外部组成。利用双面材质为正面和背面指定不同的材质，可以达到双面的效果。双面材质的参数面板如图6-73所示。

图6-73

其中，各参数选项的含义介绍如下。

- 半透明：影响两种材质的混合：当值为0时，没有混合；半透明为100时，内部外部的材质将互相显示；当值在中间时，内部材质的百分比将下降，并显示在外部面上。
- 正面材质：单击后方选项框，进入默认标准子材质参数面板中，在其中设置正面材质。
- 背面材质：单击后方选项框，进入默认标准子材质参数面板中，在其中设置背面材质。

5. 多维/子对象

多维/子对象材质是将多个材质组合到一个材质当中，将物体设置不同的ID材质后，使材质根据对应的ID号赋予到指定物体区域上。该材质常被用于包含许多贴图的复杂物体上。多维/子对象的参数面板如图6-74所示。

图6-74

其中，参数面板中各按钮和选项的含义介绍如下。

- 设置数量：用于设置子材质的参数，单击该按钮，即可打开"设置材质数量"对话框，在其中可以设置材质数量。
- 添加：单击该按钮，在子材质下方将默认添加一个标准材质。
- 删除：单击该按钮，将从下向上逐一删除子材质。

6.3.2　V-Ray

V-Ray材质类型是专门配合VRay渲染器使用的材质，其中包括VR-Mat-材质、VR-凹凸材质、VR-毛发材质等。下面对常用的几种材质类型进行介绍。

1. VRayMtl（基本材质）

VRayMtl材质是VRay中最基本的材质，与MAX中标准材质的使用方法类似，同样可以设置漫反射、反射和高光等。唯一不同的是添加了"折射"选项，设置折射可以创建透明或半透明材质，其参数面板如图6-75所示。

2. VR-灯光材质

VR-灯光材质在设计中起到了灯光的效果，属于自发光材质，常被用于制作灯带、灯箱、LED字体、计算机屏幕等。在使用灯光材质后，即可打开其参数面板，如图6-76所示。

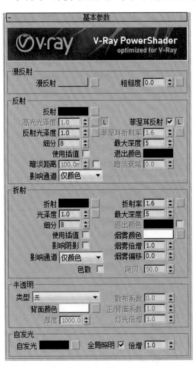

图6-75

图6-76

灯光材质包括颜色、倍增、纹理等贴图参数，下面具体介绍参数面板中各常用选项的含义。

- 颜色：设置灯光的颜色。在选项框中输入参数可以设置灯光强度，默认强度为1.0，单击后方的 无 按钮，选择合适的位图文件，将图片设置为光照贴图。设置材质贴图后，颜色设置将不对场景控制起作用。

- 不透明度：设置贴图的镂空效果，勾选后面的复选框，可以通过一个黑白图片实现镂空效果。
- 背面发光：控制灯光材质实现背面发光。

3. VRay其他材质

VRay材质类型非常多，如图6-77所示。

其中，各类材质的应用介绍如下：

图6-77

- VR-Mat-材质：用于控制材质编辑器。
- VR-凹凸材质：用于控制材质凹凸。
- VR-快速SSS2：用于制作半透明的SSS物体材质效果，如皮肤。
- VR-散布体积：用于制作散布体积的材质效果。
- VR-材质包裹器：该材质可以有效避免色溢现象。
- VR-模拟有机材质：该材质可以呈现出V-Ray程序的DarkTree着色器效果。
- VR-毛发材质：主要用于渲染头发和皮毛的材质。
- VR-混合材质：常用来制作两种材质混合在一起的效果，如带有花纹的玻璃。
- VR-灯光材质：用于制作发光物体的材质效果。
- VR-点粒子材质：用于制作点粒子的材质效果。
- VR-矢量置换烘焙：用于制作矢量的材质效果。
- VR-蒙皮材质：用于制作蒙皮的材质效果。
- VR-覆盖材质：该材质可以让用户更广泛地控制场景的色彩融合、反射、折射等。
- VR-车漆材质：用于模拟金属汽车漆的材质。
- VR-雪花材质：用于模拟制作雪花的材质效果。
- VRay2SidedMtl：用于模拟带有双面属性的材质效果。
- VRayGLSLMtl：用于加载GLSL着色器。
- VRayMtl：该材质是使用范围最为广泛的一种材质，常用于制作室内外效果图。其中，制作反射和折射的材质非常出色。
- VRayOSLMtl：用于控制着色语言的材质效果。

拓展案例1：为沙发赋予材质

本案例文件在"光盘:\素材文件\第6章"目录下。

🖥 绘图要领

（1）打开模型，打开材质编辑器，选择一空白材质球，并设置为VRayMtl材质类型。

（2）在"贴图"卷展栏中单击并拖动漫反射通道上的贴图至自发光通道上。

（3）藤条材质制作完成后，在"顶"视图创建球体，并将材质赋予到球体上，添加UVW贴图后，观察藤条效果。

（4）将材质赋予到单人沙发上，渲染结果。

最终效果如图6-78所示。

图6-78

拓展案例2：制作不锈钢材质

本案例文件在"光盘:\素材文件\第6章"目录下。

🖥 绘图要领

（1）打开材质编辑器，选择一空白材质球，设置为VRayMtl材质类型，设置漫反射颜色和反射颜色，再设置反射光泽度和细分值，取消勾选"菲涅耳反射"复选框。

（2）在"双向反射分布函数"卷展栏中取消勾选"修复较暗光泽边"复选框，设置函数类型为"沃德"。

（3）创建好磨砂不锈钢材质球，并将该材质指定给物体。

最终效果如图6-79所示。

图6-79

第7章

07 制作卧室效果图

内容概要：

在室内设计中，灯光的设置对效果图的好坏有着决定性的影响。创建模型和材质，往往还不能真实表达设计者的意图。只有利用灯光后，才能体现空间的层次与设计的风格。本章将主要对摄影机和灯光的知识进行介绍。

知识要点：

- 3ds Max摄影机的类型
- VRay摄影机
- 标准灯光
- 光度学灯光
- VRay灯光

课时安排：

理论教学2课时
上机实训4课时

案例效果图：

案例描述

本案例制作的是一个卧室场景效果，在完成卧室模型的创建和材质的添加后，接下来就需要架设摄影机、添加场景灯光了，最后一步才是渲染模型。该卧室模型主要的光源是室内的吊灯、射灯、灯带、台灯，以及壁灯，其中吊灯、壁灯的光源主要是利用VR面光源和VR球体灯光来进行表现，射灯光源是利用目标灯光配合光域网文件来进行模拟，台灯灯光则是VR球体灯光和目标灯光结合产生的效果。

案例文件

本案例素材文件和最终文件在"光盘:\素材文件\第7章"目录下，本案例的操作视频在"光盘:\操作视频\第7章"目录下。

案例详解

下面将对卧室场景中摄影机的添加、灯光的设置等操作进行介绍。

STEP 01 摄影机的架设是效果图制作中很关键的一步。在此首先打开场景文件"卧室模型.max"，如图7-1所示。

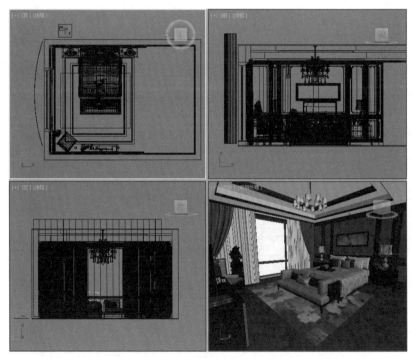

图7-1

STEP 02 在"顶"视图中创建一盏目标摄影机，如图7-2所示。

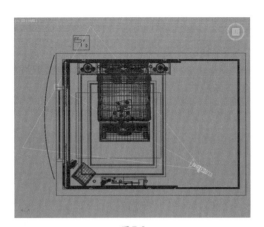

图7-2

STEP 03 设置摄影机参数，再调整摄影机角度及位置，如图7-3所示。

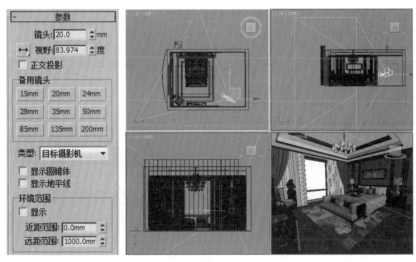

图7-3

STEP 04 切换到透视视口，按快捷键C即可切换到摄影机视口，如图7-4所示。至此，完成摄影机的添加操作。

图7-4

STEP 05 创建主灯光源。单击VRay光源类型中的VR-灯光按钮，在"顶"视图中创建一盏VRay球体光源，调整灯光到主吊灯位置，如图7-5所示。

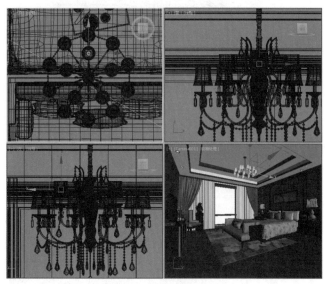

图7-5

STEP 06 实例复制灯光并调整位置，如图7-6所示。

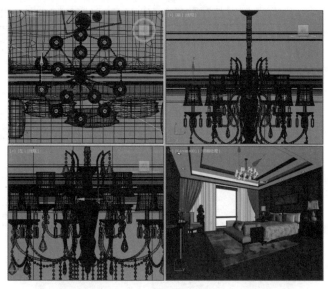

图7-6

提 示

实例复制的多个物体，利用缩放工具对其中一个物体进行大小缩放后，其他物体的参数相同，视觉大小不变。

STEP 07 渲染吊灯位置，效果如图7-7所示，可以看到灯光强度较弱，透过灯罩可以看到灯光模型。

图7-7

STEP 08 在灯光参数卷展栏中调整灯光强度等参数，如图7-8所示。然后调整灯光颜色为暖黄色，颜色参数设置如图7-9所示。

图7-8

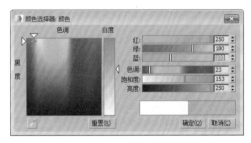

图7-9

STEP 09 渲染场景，可以看到如图7-10所示的温暖且明亮的吊灯照明效果。

图7-10

STEP 10 设置灯带光源。在"顶"视图中创建VRay面光源，如图7-11所示。

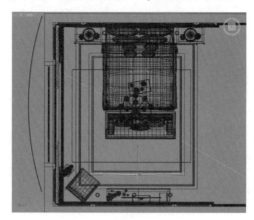

图7-11

STEP 11 调整灯光尺寸及位置，再进行复制，如图7-12所示。

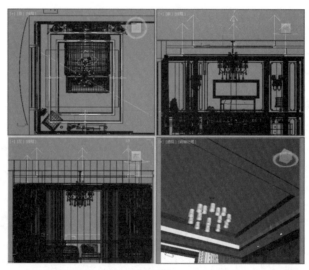

图7-12

STEP 12 渲染灯带位置，效果如图7-13所示，可以看到灯带位置有些曝光。

图7-13

STEP 13 调整灯光强度，勾选相关选项，再调整细分值，如图7-14所示。随后调整灯带颜色，参数设置如图7-15所示。

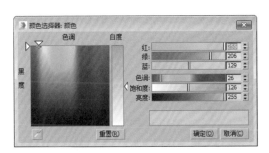

图7-14   图7-15

STEP 14 渲染场景，灯带效果如图7-16所示。

图7-16

STEP 15 设置射灯光源，这里的射灯利用目标灯光结合光域网进行表现。在"前"视图中创建一盏目标灯光，如图7-17所示。

STEP 16 实例复制灯光，并调整到合适的位置，如图7-18所示。

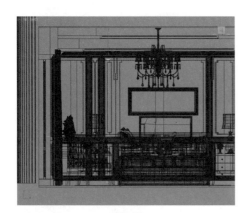
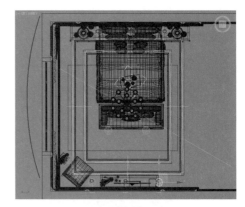

图7-17　　　　　　　　　　　　　　　　　　　图7-18

STEP **17** 开启VR阴影，设置灯光分布类型为"光度学Web"，再添加光域网文件，设置灯光强度，如图7-19所示。

STEP **18** 渲染场景，查看射灯的设置效果，如图7-20所示。

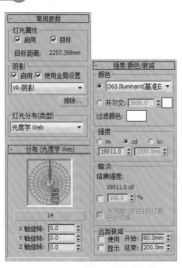

图7-19　　　　　　　　　　　　　　　　　　　图7-20

STEP **19** 设置台灯及壁灯光源。这两种灯光主要用来照亮床头位置，也是灯光装饰的主要部分。在"顶"视图中创建球形VR灯光，移动到台灯位置，如图7-21所示。

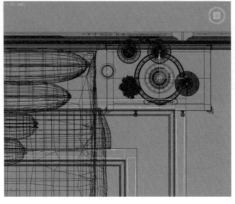

图7-21

STEP **20** 复制灯光到另一侧台灯位置,如图7-22所示。

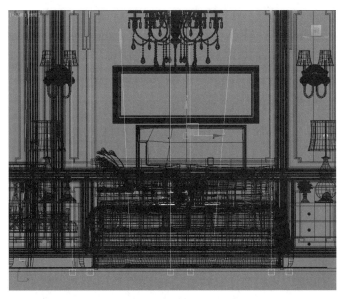

图7-22

STEP **21** 在修改命令面板的参数卷展栏中可以看到新创建的VR灯光的参数,如图7-23所示。然后调整灯光强度及细分值等参数,如图7-24所示。

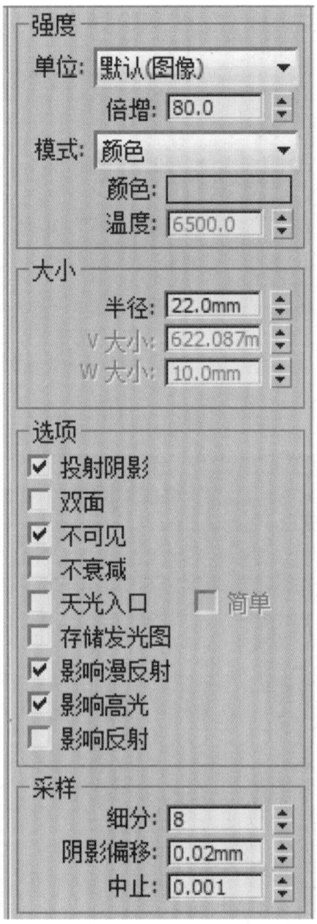

图7-23

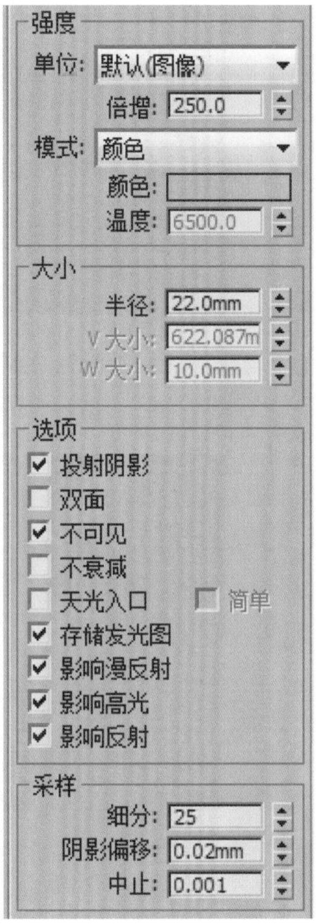

图7-24

STEP **22** 渲染模型,效果如图7-25所示。

图7-25

STEP 23 在"前"视图中台灯位置创建目标灯光,如图7-26所示。

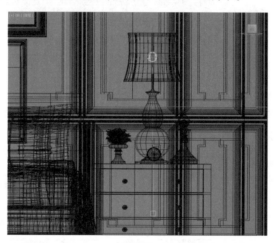

图7-26

STEP 24 复制灯光并调整位置,渲染场景,效果如图7-27所示。

图7-27

STEP 25 设置灯光分布类型为"光度学Web",添加光域网,再设置灯光颜色及强度,在"图形/区域阴影"卷展栏中设置发射光线类型为"矩形",如图7-28所示。渲染场景,台灯光源效果如图7-29所示。

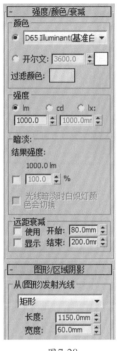

图7-28   图7-29

STEP 26 复制吊灯位置的VR灯光到壁灯处,如图7-30所示。接着调整灯光倍增强度为60,如图7-31所示。

图7-30   图7-31

STEP 27 再次渲染场景,壁灯光源效果如图7-32所示。

图7-32

STEP28 本案例表现的是一个夜晚效果，因此需要设置一个室外场景贴图，以保证从窗户位置可以看到室外的夜景。按快捷键M打开材质编辑器，选择一个空白材质球，设置为VR-灯光材质，添加位图贴图，如图7-33所示。

图7-33

STEP29 添加的位图贴图如图7-34所示。

图7-34

STEP 30 设置好的VR灯光材质球如图7-35所示。

STEP 31 将材质指定给窗外的弧形模型，渲染场景，效果如图7-36所示。

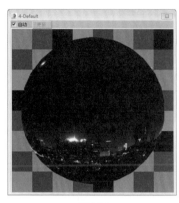

图7-35

图7-36

STEP 32 室外场景较暗，这里增加VR灯光强度，如图7-37所示。

STEP 33 重新渲染场景，效果如图7-38所示。

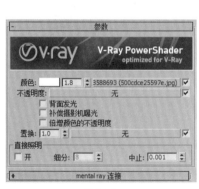

图7-37

图7-38

STEP 34 完成上述灯光的制作后，再添加一个补光效果，以解决场景中某些对象照明不足的问题。在"顶"视图中创建一盏VR灯光，放置于吊灯下方，如图7-39所示。

STEP 35 调整灯光参数，如图7-40所示。设置完成后，渲染场景，最终效果如图7-41所示。

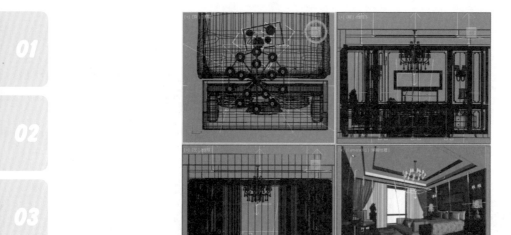

图 7-39

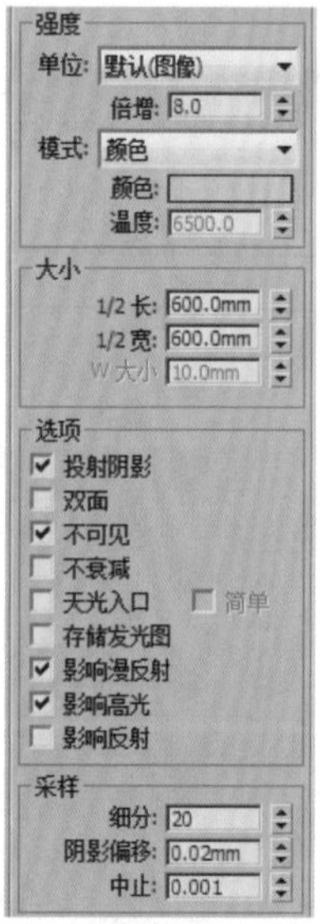

图 7-40

图 7-41

3ds 【从零起步】

7.1　3ds Max摄影机

　　摄影机可以从特定的观察点来表现场景，模拟真实世界中的静止图像、运动图像或视频，并能够制作某些特殊的效果，如景深和运动模糊等。3ds Max 2016中，摄影机相关的参数主要包括焦距和视野。

1. 焦距

焦距是指镜头和灯光敏感性曲面的焦点平面间的距离。焦距影响成像对象在图片上的清晰度。焦距越小，图片中包含的场景越多。焦距越大，图片中包含的场景越少，但会显示远距离成像对象的更多细节。

2. 视野

视野控制摄影机可见场景的数量，以水平线度数进行测量。视野与镜头的焦距直接相关，例如，35mm的镜头显示水平线约为54°，焦距越大，则视野越窄，而焦距越小，则视野越宽。

7.1.1 摄影机的类型

3ds Max 2016共提供了三种摄影机类型，包括物理摄影机、目标摄影机和自由摄影机，前者适用于表现静帧或单一镜头的动画，后者适用于表现摄影机路径动画，如图7-42所示。

图7-42

1. 物理摄影机

物理摄影机可模拟用户可能熟悉的真实摄影机设置，如快门速度、光圈、景深和曝光。借助增强的控件和额外的视口内反馈，让创建逼真的图像和动画变得更加容易。

2. 目标摄影机

目标摄影机沿着放置的目标图标"查看"区域，使用该摄影机更容易定向。为目标摄影机及其目标制作动画，可以创建有趣的效果。

3. 自由摄影机

自由摄影机是在摄影机指向的方向查看区域。与目标摄影机不同，自由摄影机由单个图标表示，可以更轻松地设置摄影机动画。

7.1.2 摄影机的应用

在3ds Max中，可以通过多种方法快速创建摄影机，并能够使用移动和旋转工具对摄影机进行移动和定向操作，同时应用预置的各种镜头参数来控制摄影机的观察范围和效果。

1. 摄影机的创建

对摄影机进行移动操作时，通常针对目标摄影机，可以对摄影机与摄影机目标点分别进行移动操作。由于目标摄影机被约束指向其目标，无法沿着其自身的X和Y轴进行旋转，所以旋转操作主要针对自由摄影机。

2. 摄影机常用参数

摄影机的常用参数主要包括镜头的选择、视野的设置、大气范围和裁剪范围的控制等多个参数，图7-43所示为摄影机对象与相应的参数面板。

图7-43

其中，各个参数选项的含义介绍如下。

- 镜头：以毫米为单位设置摄影机的焦距。
- 视野：用于决定摄影机查看区域的宽度，可以通过水平、垂直或对角线三种方式测量应用。
- 正交投影：启用该选项后，摄影机视图为用户视图；关闭该选项后，摄影机视图为标准的透视图。
- 备用镜头：该选项组用于选择各种常用预置镜头。
- 类型：切换摄影机的类型，包含目标摄影机和自由摄影机两种。
- 显示圆锥体：显示摄影机视野定义的锥形光线。
- 显示地平线：在摄影机中的地平线上显示一条深灰色的线条。
- 显示：显示出在摄影机锥形光线内的矩形。
- 近距/远距范围：设置大气效果的近距范围和远距范围。
- 手动剪切：启用该选项可以定义剪切的平面。
- 近距/远距剪切：设置近距和远距平面。
- 多过程效果：该选项组中的参数主要用来设置摄影机的景深和运动模糊效果。
- 目标距离：当使用目标摄影机时，设置摄影机与其目标之间的距离。

3. 景深参数

景深的启用和控制，主要在摄影机参数面板的"多过程效果"选项组和"景深参数"卷展栏中进行设置，如图7-44所示。

其中，各参数的含义介绍如下。

- 使用目标距离：启用该选项后，系统会将摄影机的目标距离用作每个过程偏移摄影机的点。
- 焦点深度：当关闭"使用目标距离"选项，该选项可以用来设置摄影机的偏移深度。
- 显示过程：启用该选项后，"渲染帧窗口"对话框中将显示多个渲染通道。

- 使用初始位置：启用该选项后，第一个渲染过程将位于摄影机的初始位置。
- 过程总数：设置生成景深效果的过程数。增大该值可以提高效果的真实度，但是会增加渲染时间。
- 采样半径：设置生成的模糊半径。数值越大，模糊越明显。
- 采样偏移：设置模糊靠近或远离"采样半径"的权重。增加该值将增加精神模糊的数量级，从而得到更加均匀的景深效果。
- 规格化权重：启用该选项后可以产生平滑的效果。
- 抖动强度：设置应用于渲染通道的抖动程度。
- 平铺大小：设置图案的大小。
- 禁用过滤：启用该选项后，系统将禁用过滤的整个过程。
- 禁用抗锯齿：启用该选项后，可以禁用抗锯齿功能。

4. 运动模糊参数

运动模糊可以通过模拟实际摄影机的工作方式，增强渲染动画的真实感。在摄影机的参数面板中选择"运动模糊"选项时，会打开相应的参数卷展栏，用于控制运动模糊效果，如图7-45所示。

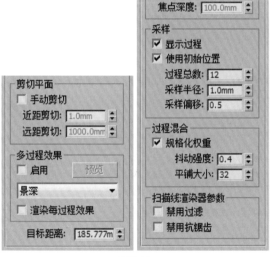

图7-44

图7-45

其中，各个选项的含义介绍如下。

- 显示过程：启用该选项后，"渲染帧窗口"对话框中将显示多个渲染通道。
- 过程总数：用于生成效果的过程数。
- 持续时间：用于设置在动画中将应用运动模糊效果的帧数。
- 偏移：设置模糊的偏移距离。
- 抖动强度：用于控制应用于渲染通道的抖动程度，增加此值会增加抖动量，并且生成颗粒状效果，尤其在对象的边缘上。
- 瓷砖大小：设置图案的大小。

7.2 VRay摄影机

VRay摄影机是安装了VR渲染器后新增加的一种摄影机。VRay渲染器提供了VR-穹顶摄影机和VR-物理摄影机两种摄影机。VRay摄影机创建命令面板如图7-46所示。

图7-46

7.2.1 VR-物理摄影机

VR-物理摄影机和3ds Max本身带的摄影机相比，能够模拟真实成像，更轻松地调节透视关系。单靠摄影机就能控制曝光，另外还有许多非常不错的其他特殊功能和效果。普通摄影机不带任何属性，如白平衡、曝光值等。VR-物理摄影机就具有这些功能，简单地讲，如果发现灯光不够亮，直接修改VRay摄影机的部分参数就能提高画面质量，而不用重新修改灯光的亮度。

1. 基本参数

VR-物理摄影机的基本参数面板如图7-47所示。

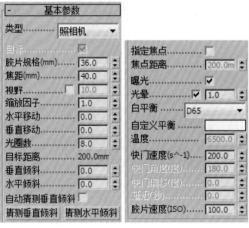

图7-47

- 类型：VR-物理摄影机内置了三种类型的摄影机，可以在这里进行选择。
- 目标：勾选此选项，摄影机的目标点将放在焦平面上。
- 胶片规格：控制摄影机看到的范围，数值越大，看到的范围也就越大。
- 焦距：控制摄影机的焦距。
- 缩放因子：控制摄影机视口的缩放。
- 光圈数：用于设置摄影机光圈的大小。数值越小，渲染图片亮度越高。

- 目标距离：摄影机到目标点的距离，默认情况下不启用此选项。
- 指定焦点：开启该选项后，可以手动控制焦点。
- 焦点距离：控制焦距的大小。
- 曝光：开启该选项后，光圈数、快门速度和胶片速度设置才会起作用。
- 光晕：模拟真实摄影机的渐晕效果。
- 白平衡：控制渲染图片的色偏。
- 快门速度：控制进光时间，数值越小，进光时间越长，渲染图片越亮。
- 快门角度：只有选择电影摄影机类型，此项才激活，用于控制图片的明暗。
- 快门偏移：只有选择电影摄影机类型，此项才激活，用于控制快门角度的偏移。
- 延迟：只有选择视频摄影机类型，此项才激活，用于控制图片的明暗。
- 胶片速度：控制渲染图片亮暗。数值越大，表示感光系数越大，图片也就越暗。

2. 散景特效

散景特效常产生于夜晚，由于画面背景是灯光，可产生一个个彩色的光斑效果，同时还伴随一定的模糊效果，其参数面板如图7-48所示。

- 叶片数：控制散景产生的小圆圈的边，默认值为5，表示散景的小圆圈为正五边形。
- 旋转（度）：散景小圆圈的旋转角度。
- 中心偏移：散景偏移源物体的距离。
- 各向异性：控制散景的各向异性，值越大，散景的小圆圈拉得越长，即变成椭圆。

图7-48

7.2.2　VR-穹顶摄影机

VR 穹顶摄影机通常用于渲染半球圆顶效果，其参数设置面板如图7-49所示。

- 翻转X：使渲染的图像在X轴上进行翻转。
- 翻转Y：使渲染的图像在Y轴上进行翻转。
- fov：设置视角的大小。

图7-49

7.3　标准灯光

标准灯光是一种传统的光线模拟系统，在表达直接照明和阴影方面效果很好，可以灵活地运用产生更加艺术的照明效果。不同种类的灯光对象可用不同的方式投影灯光，用于模拟真实世界不同种类的光源。

7.3.1　聚光灯

聚光灯是3ds Max中最常用的灯光类型，通常由一个点向一个方向照射。聚光灯包括目标聚光灯和自由聚光灯两种，但照明原理都类似闪光灯，即投射聚集的光束，其中自由聚光灯没有目标对象。

聚光灯的主要参数包括常规参数、强度/颜色/衰减、聚光灯参数、高级效果、阴影参数和阴影贴图参数等，如图7-50所示。下面将对主要参数进行详细介绍。

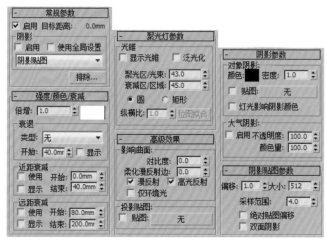

图7-50

1. 常规参数

该卷展栏主要控制标准灯光的开启与关闭以及阴影的控制，如图7-51所示。

其中各选项的含义介绍如下。

图7-51

- 灯光类型：共有三种类型可供选择，分别是聚光灯、平行光和泛光灯。
- 启用：控制是否开启灯光。
- 目标：如果启用该选项，灯光将成为目标。
- 阴影：控制是否开启灯光阴影。
- 使用全局设置：如果启用该选项后，该灯光投射的阴影将影响整个场景的阴影效果。如果关闭该选项，则必须选择渲染器使用哪种方式来生成特定的灯光阴影。
- 阴影类型：切换阴影类型可得到不同的阴影效果。
- "排除"按钮：将选定的对象排除于灯光效果之外。

2. 强度/颜色/衰减

在标准灯光的"强度/颜色/衰减"卷展栏中，可以对灯光最基本的属性进行设置，如图7-52所示。

其中，各选项的含义介绍如下。

- 倍增：该参数可以将灯光功率放大一个正或负的量。
- 颜色：单击色块，可以设置灯光发射光线的颜色。

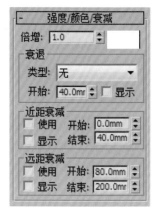

图7-52

- 衰退：用来设置灯光衰退的类型和起始距离。
- 类型：指定灯光的衰退方式。
- 开始：设置灯光开始衰退的距离。
- 显示：在视口中显示灯光衰退的效果。
- 近距衰减：该选项组中提供了控制灯光强度淡入的参数。
- 远距衰减：该选项组中提供了控制灯光强度淡出的参数。

3. 聚光灯参数

该参数卷展栏主要控制聚光灯的聚光区及衰减区，如图7-53所示。

其中，各选项的含义介绍如下。

- 显示光锥：启用或禁用圆锥体的显示。
- 泛光化：启用该选项后，灯光在所有方向上投影灯光。但是投影和阴影只发生在其衰减圆锥体内。
- 聚光区/光束：调整灯光圆锥体的角度。
- 衰减区/区域：调整灯光衰减区的角度。
- 圆/矩形：确定聚光区和衰减区的形状。
- 纵横比：设置矩形光束的纵横比。
- 位图拟合：如果灯光的投影纵横比为矩形，应该设置纵横比以匹配特定的位图。当灯光用做投影灯时，该选项非常有用。

图7-53

4. 阴影参数

所有的标准灯光类型都具有相同的阴影参数设置。通过设置阴影参数，可以使对象投影产生密度不同或颜色不同的阴影效果。"阴影参数"卷展栏如图7-54所示。

其中，各参数的含义介绍如下。

- 颜色：单击色块，可以设置灯光投射的阴影颜色，默认为黑色。
- 密度：用于控制阴影的密度，值越小，阴影越淡。
- 贴图：使用贴图可以应用各种程序贴图与阴影颜色进行混合，产生更复杂的阴影效果。

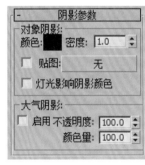

图7-54

- 灯光影响阴影颜色：灯光颜色将与阴影颜色混合在一起。
- 大气阴影：应用该选项组中的参数，可以使场景中的大气效果也产生投影，并能控制投影的不透明度和颜色数量。
- 不透明度：调节阴影的不透明度。
- 颜色量：调整颜色和阴影颜色的混合量。

提 示

自由聚光灯和目标聚光灯的参数基本是一致的，唯一区别在于自由聚光灯没有目标点，因此只能通过旋转来调节灯光的角度。

7.3.2 平行光

　　平行光包括目标平行灯和自由平行灯两种，主要用于模拟太阳在地球表面投射的光线，即往一个方向投射的平行光。平行光的主要参数包括常规参数、强度/颜色/衰减、平行光参数、高级效果、阴影参数、阴影贴图参数，如图7-55所示，其参数含义与聚光灯参数基本一致，这里不再赘述。

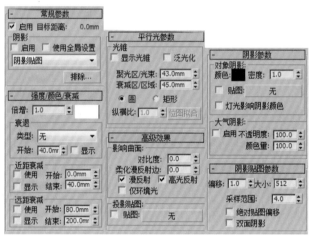

图7-55

7.3.3 泛光灯

　　泛光灯的特点是以一个点为发光中心，向外均匀地发散光线，常用来制作灯泡灯光、蜡烛光等。泛光灯的主要参数包括常规参数、强度/颜色/衰减、阴影参数、高级效果、阴影贴图参数，如图7-56所示，其参数含义与聚光灯参数基本一致，这里不再赘述。

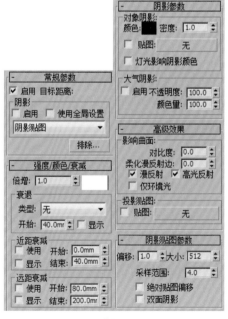

图7-56

天光通常用来模拟较为柔和的灯光效果，也可以设置天空的颜色或将其指定为贴图，对天空建模作为场景上方的圆屋顶。

7.4　光度学灯光

光度学灯光使用光度学（光能）值，通过这些值可以更精确地定义灯光，就像在真实世界一样。可以创建具有各种分布和颜色特性灯光，或导入照明制造商提供的特定光度学文件。光度学灯光包括目标灯光、自由灯光和mr天空入口三种灯光类型。

7.4.1　目标灯光

目标灯光是效果图制作中非常常用的一种灯光类型，常用来模拟制作射灯、筒灯等，可以增大画面的灯光层次。目标灯光的主要参数包括常规参数、分布（光度学Web）、强度/颜色/衰减、图形/区域阴影、阴影参数、VRay阴影参数和高级效果，如图7-57所示。

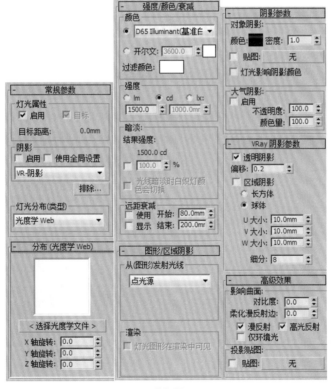

图7-57

1. 常规参数

该卷展栏中的参数用于启用或禁用灯光及阴影，并排除或包含场景中的对象，如图7-58所示。

其中，各选项的含义介绍如下。

- 启用：启用或禁用灯光。
- 目标：启用该选项后，目标灯光才有目标点。
- 目标距离：用来显示目标的距离。
- 阴影 - 启用：控制是否开启灯光的阴影效果。
- 使用全局设置：启用该选项后，该灯光投射的阴影将影响整个场景的阴影效果。
- 阴影类型：设置渲染场景时使用的阴影类型。包括高级光线跟踪、区域阴影、阴影贴图、光线跟踪阴影、VR阴影和VR阴影贴图几种类型。
- 排除：将选定的对象排除于灯光效果之外。
- 灯光分布（类型）：设置灯光的分布类型，包括光度学Web、聚光灯、统一漫反射、统一球形四种类型。

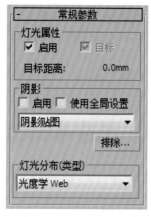

图7-58

2. 分布（光度学Web）

当使用光域网分布创建或选择光度学灯光时，修改面板上将显示"分布（光度学文件）"卷展栏，可使用这些参数选择光域网文件并调整Web的方向，如图7-59所示。

其中，各选项的含义介绍如下。

- Web图：在选择光度学文件之后，该缩略图将显示灯光分布图案的示意图。
- 选择光度学文件：单击此按钮，可选择用作光度学Web的文件，该文件可采用IES、LTLI或CIBSE格式。一旦选择某一个文件后，该按钮上会显示文件名。
- X轴旋转：沿着X轴旋转光域网。
- Y轴旋转：沿着Y轴旋转光域网。
- Z轴旋转：沿着Z轴旋转光域网。

图7-59

3. 强度/颜色/衰减

通过强度/颜色/衰减卷展栏，可以设置灯光的颜色和强度。此外，还可以选择设置衰减极限，其参数卷展栏如图7-60所示。

其中，各选项的含义介绍如下。

- 灯光选项：拾取常见灯规范，使之近似于灯光的光谱特征。默认为"D65 Illuminant（基准白色）"。
- 开尔文：通过调整色温微调器设置灯光的颜色。
- 过滤颜色：使用颜色过滤器模拟置于光源上的

图7-60

过滤色的效果。

- 强度：在物理数量的基础上指定光度学灯光的强度或亮度。
- 结果强度：用于显示暗淡所产生的强度，并使用与强度组相同的单位。
- 暗淡百分比：启用该切换后，该值会指定用于降低灯光强度的倍增。如果值为100%，则灯光具有最大强度；百分比较低时，灯光较暗。
- 远距衰减：可以设置光度学灯光的衰减范围。
- 使用：启用灯光的远距衰减。
- 开始：设置灯光开始淡出的距离。
- 显示：在视口中显示远距衰减范围设置。
- 结束：设置灯光减为0的距离。

7.4.2 自由灯光

自由灯光与目标灯光相似，唯一的区别就在于自由灯光没有目标点。图7-61所示为自由灯光的常规参数设置面板。

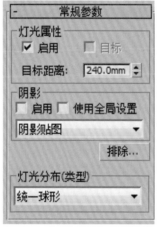

图7-61

7.4.3 mr天空入口

mr天空入口对象提供了一种聚集内部场景中的现有天空照明的有效方法，无需高度最终聚集或全局照明设置（这会使渲染时间过长）。实际上，入口就是一个区域灯光，从环境中导出其亮度和颜色。该灯光包括mr天光入口参数和高级参数两个参数设置面板，下面将对其参数进行详细介绍。

1. mr天光入口参数

该参数卷展栏包括控制入口的强度、过滤色等基本参数，如图7-62所示。

其中，各选项的含义介绍如下。

- 启用：切换来自入口的照明。禁止时，入口对场景照明没有任何效果。
- 倍增：增加灯光功率。
- 过滤颜色：渲染来自外部的颜色。

- 阴影 - 启用：切换由入口灯光投影的阴影。
- 从"户外"：启用此选项时，从入口外部的对象投射阴影。
- 阴影采样：由入口投影的阴影的总体质量。
- 长度/宽度：使用微调器设置长度和宽度。
- 翻转光通量方向：确定灯光穿过入口方向。箭头必须指向入口内部，这样才能从天空或环境投影光。

2. 高级参数

该卷展栏用于控制入口的可见性及入口光源的颜色源，如图7-63所示。

图7-62

图7-63

其中，各选项的含义介绍如下。
- 对渲染器可见：启用此选项时，mr天空入口对象将出现在渲染的图像中。
- 透明度：过滤窗口外部的视图。
- 颜色源：设置mr天空入口从中获得照明的光源。
- 重用现有天光：使用天光。
- 使用场景环境：针对照明颜色使用环境贴图。
- 自定义：可以针对照明颜色使用任何贴图。

7.5   VRay灯光

VRay灯光包括VR-灯光、VR-太阳、VEayIES、VR-环境灯光四种类型，其中VR-灯光和VR-太阳最为常用。

7.5.1   VR-灯光

VR-灯光是VRay渲染器自带的灯光之一，它的使用频率比较高。默认的光源形状为具有光源指向的矩形光源，如图7-64所示。VR灯光参数控制面板如图7-65所示。

上述参数面板中，各选项的含义介绍如下。
- 开：灯光的开关。勾选此复选框，灯光才被开启。
- 排除：可以将场景中的对象排除到灯光的影响范围外。

- 类型：有三种灯光类型可供选择。
- 单位：VRay的默认单位，以灯光的亮度和颜色来控制灯光的光照强度。
- 颜色：光源发光的颜色。
- 倍增：用于控制光照的强弱。
- 1/2长：面光源长度的一半。
- 1/2宽：面光源宽度的一半。
- 双面：控制是否在面光源的两面都产生灯光效果。
- 不可见：用于控制是否在渲染的时候显示VRay灯光的形状。
- 不衰减：勾选此复选框，灯光强度将不随距离而减弱。
- 天光入口：勾选此复选框，将把VRay灯光转化为天光。
- 存储发光图：勾选此复选框，同时为发光贴图命名并指定路径，这样VR灯光的光照信息将保存。在渲染光子时会很慢，但最后可直接调用发光贴图，减少渲染时间。
- 影响漫反射：控制灯光是否影响材质属性的漫反射。
- 影响高光：控制灯光是否影响材质属性的高光。
- 细分：控制VRay灯光的采样细分。
- 阴影偏移：控制物体与阴影的偏移距离。
- 使用纹理：可以设置HDRI贴图纹理作为穹顶灯的光源。
- 分辨率：用于控制HDRI贴图纹理的清晰度。
- 目标半径：当使用光子贴图时，确定光子从哪里开始发射。
- 发射半径：当使用光子贴图时，确定光子从哪里结束发射。

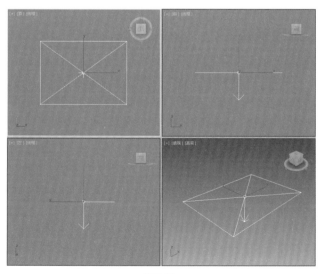

图7-64

图7-65

7.5.2　VR-太阳和VR-天空

VR-太阳和VR-天空可以模拟物理世界里的真实阳光和天光的效果，它们的变化主要是随着VR-太阳的位置变化而变化的。

1. VR-太阳

VR-太阳是VRay渲染器用于模拟太阳光的，通常和VR-天空配合使用，如图7-66所示。VRay太阳参数卷展栏如图7-67所示。

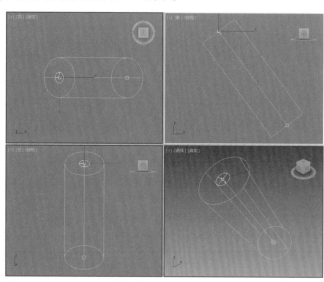

图7-66　　　　　　　　　　　　　　　　　图7-67

上述参数面板中，各选项的含义介绍如下。

- 启用：此选项用于控制阳光的开光。
- 不可见：用于控制在渲染时是否显示VRay阳光的形状。
- 浊度：影响太阳和天空的颜色倾向。当数值较小时，空气晴朗干净，颜色倾向为蓝色；当数值较大时，空气浑浊，颜色倾向为黄色甚至橘黄色。
- 臭氧：表示空气中的氧气含量。较小的值阳光会发黄，较大的值阳光会发蓝。
- 强度倍增：用于控制阳光的强度。
- 大小倍增：控制太阳的大小，主要表现在控制投影的模糊程度。较大的值阴影会比较模糊。
- 阴影细分：用于控制阴影的品质。较大的值模糊区域的阴影将会比较光滑，没有杂点。
- 阴影偏移：用来控制物体与阴影的偏移距离，较高的值会使阴影向灯光的方向偏移。如果该值为1.0，阴影无偏移；如果该值大于1.0，阴影远离投影对象；如果该值小于1.0，阴影靠近投影对象。
- 光子发射半径：用于设置光子放射的半径。这个参数和photon map计算引擎有关。

2. VR-天空

VR-天空贴图，既可以放在3ds Max环境里，也可以放在VRay的DI环境里，其参数卷展栏如图7-68所示。

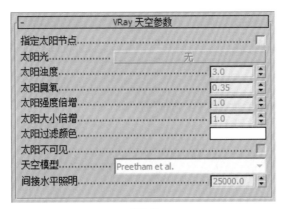

图7-68

当取消勾选"指定太阳节点"复选框时，VR-天空的参数将从场景中的VR-太阳参数里自动匹配。当勾选"指定太阳节点"复选框时，则可以从场景中选择不同的光源。这种情况下，VR-太阳将不再控制VR-天空的效果，而VR-天空将用它自身的参数来改变VR天空的效果。

7.5.3　VRay IES

Vray IES是VRay渲染器提供用于添加IES光域网文件的光源。选择了光域网文件（*.IES），那么在渲染过程中光源的照明就会按照选择的光域网文件中的信息来表现，就可以做出普通照明无法做到的散射、多层反射、日光灯等效果，如图7-69所示。

VRay IES参数卷展栏如图7-70所示，其参数含义与VRay灯光相类似。

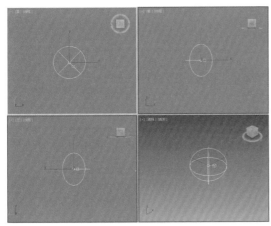

图7-69

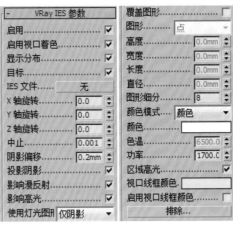

图7-70

拓展案例1： 创建台灯效果

本案例文件在"光盘:\素材文件\第7章"目录下。

📺 绘图要领

（1）单击"灯光"按钮⚲，在其中选择VRay灯光类型。

（2）打开"V-Ray"选项卡，设置图形类型，将颜色贴图设置为指数。

（3）创建台灯灯光，在命令面板中单击"VR灯光"按钮。

（4）创建灯光，并将灯光移至灯罩内。

最终效果如图7-71所示。

图7-71

拓展案例2： 创建卧室灯光

本案例文件在"光盘:\素材文件\第7章"目录下。

📺 绘图要领

（1）打开模型，渲染场景查看效果。

（2）在视图中创建光度学灯光和VRay灯光，设置各项参数，并渲染灯光效果。

最终效果如图7-72所示。

图7-72

第8章

08 制作阳光房效果图

内容概要：

本章将主要介绍渲染器的功能和如何正确设置VRay渲染器。用户可以利用渲染器窗口设置渲染区域和渲染视口，还可以将渲染的效果复制或保存下来。

知识要点：

● 渲染器的类型
● 默认渲染器的设置
● VRay渲染器的应用

课时安排：

理论教学2课时
上机实训4课时

案例效果图：

📺 案例描述

　　本案例制作的是一个阳光房模型，它是在创建好的场景模型上进行摄影机、光源、材质的创建与渲染。

📺 案例文件

　　本案例素材文件和最终文件在"光盘:\素材文件\第8章"目录下，本案例的操作视频在"光盘:\操作视频\第8章"目录下。

📺 案例详解

　　在该模型的制作过程中，首先创建摄影机，然后创建光源，接着创建材质，最后进行渲染操作。

STEP 01 首先创建摄影机。打开并检测已经创建完成的场景模型"阳光房模型.max"，如图8-1所示。

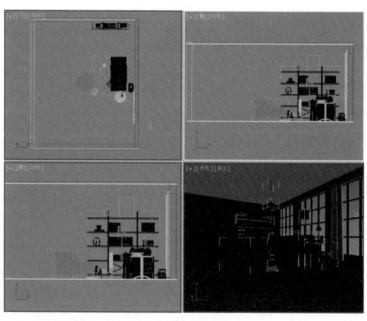

图8-1

STEP 02 在摄影机创建命令面板中单击"目标"按钮，在"顶"视图中拖动创建一架摄影机，如图8-2所示。

STEP 03 调整摄影机角度及高度，并在右侧修改命令面板中设置摄影机的参数，如图8-3所示。

STEP 04 选择"透视"视图，按快捷键C即可进入摄影机视口，如图8-4所示。

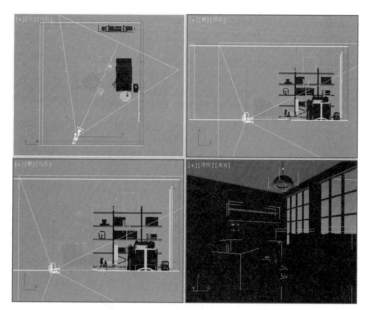

图8-2

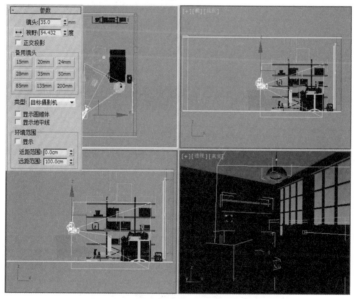

图8-3

图8-4

STEP 05 创建光源。单击标准灯光创建命令面板中的"目标平行光"按钮，在"前"视图中创建一盏平行光，如图8-5所示。

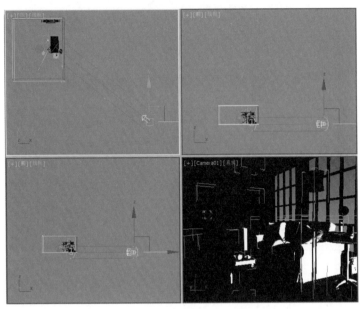

图8-5

STEP 06 选择灯光进入到修改命令面板，调整灯光位置及角度，设置灯光参数，如图8-6所示。

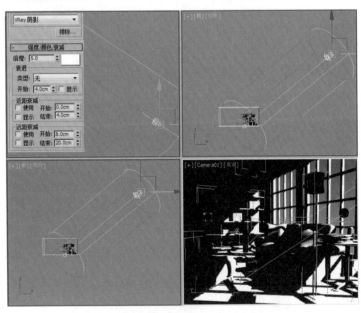

图8-6

STEP 07 渲染摄影机视口，可以看到场景中有来自户外的光线，效果如图8-7所示。

STEP 08 调整灯光颜色为浅黄色，模拟黄昏的太阳光，再增加灯光强度，如图8-8所示。

STEP 09 再次渲染摄影机视口，可以看到环境光线变成了淡淡的黄色，有了黄昏的感觉，效果如图8-9所示。

STEP 10 打开"环境和效果"对话框，为背景添加渐变材质，如图8-10所示。

图8-7

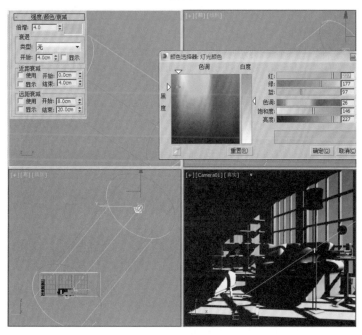

图8-8

图8-9

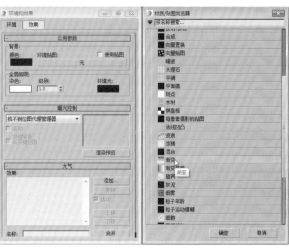

图8-10

STEP 11 将材质拖到材质编辑器中的空白材质球上，为其命名为"天空"，在"渐变参数"卷展栏中，设置颜色1为深蓝色、颜色2为浅蓝色、颜色3为白色，其余设置默认，如图8-11所示。

STEP 12 为颜色1添加烟雾材质，打开到"烟雾参数"卷展栏，设置颜色1为深蓝色、颜色2为白色，并设置其他参数，如图8-12所示。

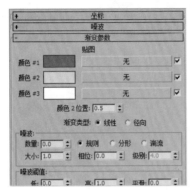

图8-11

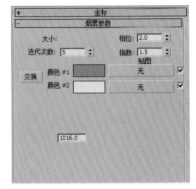

图8-12

STEP 13 返回到场景，渲染摄影机视口，效果如图8-13所示。

图8-13

STEP 14 创建材质。为了便于观察场景，可以将场景中创建的灯光、摄影机进行隐藏。进入显示命令面板，在"按类别隐藏"卷展栏中勾选"灯光"及"摄影机"复选框，场景中此类物体将会被隐藏，如图8-14所示。

STEP 15 创建名为"白漆"的VRayMtl材质，设置漫反射颜色为白色（色调：0；饱和度：0；亮度：250），反射颜色为深灰色（色调：0；饱和度：0；亮度：5），并设置反射参数，如图8-15所示。

STEP 16 创建名为"地毯"的VRayMtl材质球，设置漫反射颜色为褐色（色调：20；饱和度：180；亮度：130），为漫反射通道添加衰减贴图，设置如图8-16所示。

STEP 17 打开"衰减参数"卷展栏，设置衰减颜色，并为其添加位图贴图，设置衰减类型为"Fresnel"，如图8-17所示。

STEP 18 返回到"贴图"卷展栏，为凹凸通道添加位图贴图，如图8-18所示。

图8-14

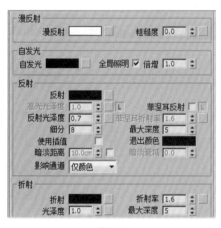

图8-15

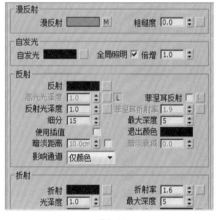

图8-16

图8-17

图8-18

STEP 19 选择场景中的对象，将白漆材质赋予到墙面和顶面，将地毯材质赋予到地面，并为其添加"VRay置换模式"以及UVW贴图，效果如图8-19所示。

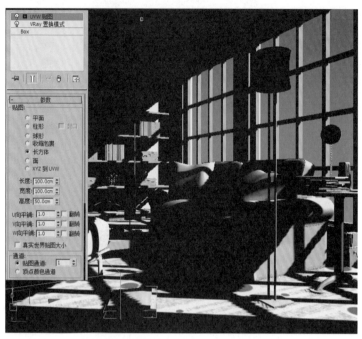

图8-19

STEP 20 渲染摄影机视口，效果如图8-20所示。

图8-20

STEP 21 创建名为"沙发"的VRayMtl材质球，设置反射颜色为深灰色（色调：0；饱和度：0；亮度：15），并设置反射参数，如图8-21所示。

STEP 22 打开"贴图"卷展栏，为漫反射通道添加衰减贴图，为凹凸通道添加位图贴图，并设置凹凸值，如图8-22所示。

STEP 23 打开"衰减参数"卷展栏，设置衰减颜色（颜色1为色调134、饱和度54、亮度0，颜色2为色调220、饱和度175、亮度116），如图8-23所示。

STEP 24 创建名为"不锈钢"的VRayMtl材质球，设置反射颜色为灰色（色调：0；饱和度：

0；亮度：220），并设置反射参数，其余设置默认，如图8-24所示。

图8-21

图8-22

图8-23

图8-24

STEP25 创建名为"茶几面"的VRayMtl材质球，为漫反射通道添加位图贴图，设置反射颜色为灰色（色调：0；饱和度：0；亮度：40），并设置反射参数，如图8-25所示。

STEP26 创建名为"书架"的VRayMtl材质球，为漫反射通道添加位图贴图，设置反射颜色为灰色（色调：0；饱和度：0；亮度：15），并设置反射参数，如图8-26所示。

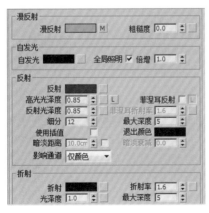

图8-25

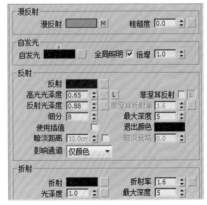

图8-26

STEP27 选择场景中相应的物体，为其赋予材质，渲染摄影机视口，效果如图8-27所示。

图8-27

STEP 28 创建名为"灯罩"的VRayMtl材质球，设置漫反射颜色为白色，反射颜色为灰色（色调：0；饱和度：0；高光：20），如图8-28所示。

STEP 29 创建名为"黑线"的VRayMtl材质球，设置漫反射颜色为黑色，反射颜色为灰色（色调：0；饱和度：0；高光：50），设置反射参数，如图8-29所示。

图8-28

图8-29

STEP 30 将材质赋予到场景中的对象，渲染摄影机视口，效果如图8-30所示。

图8-30

STEP 31 创建名为"白瓷"的VRayMtl材质球，设置漫反射颜色为白色，并为反射通道添加衰减贴图，设置反射光泽度，如图8-31所示。

STEP32 打开"衰减参数"卷展栏，设置衰减类型为"Fresnel"，如图8-32所示。

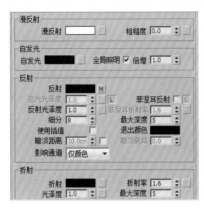

图8-31   图8-32

STEP33 创建名为"黑瓷"的VRayMtl材质球，设置漫反射颜色为深蓝色（色调：170；饱和度：180；高光：25），其余设置同"白瓷"材质球，如图8-33所示。

STEP34 创建名为"藤盒"的VRayMtl材质球，为漫反射通道及凹凸通道添加位图贴图，并设置凹凸值，其余参数默认，如图8-34所示。

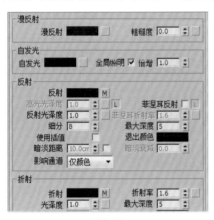
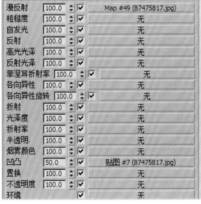

图8-33   图8-34

STEP35 创建名为"挂画"的VRayMtl材质球，为漫反射通道添加位图贴图，其余参数默认，如图8-35所示。

STEP36 同样创建"书籍""照片"等材质，选择场景中的对象，分别为其赋予材质，渲染摄影机视口，效果如图8-36所示。

STEP37 执行"渲染"→"渲染设置"命令，打开"渲染设置"对话框，在"公用"面板中的"公用参数"卷展栏中设置输出大小，如图8-37所示。

STEP38 切换到"V-Ray"面板，在"全局开关"卷展栏中选择关闭默认灯光，如图8-38所示。

STEP39 在"图像采样器"卷展栏中，设置图像采样器类型为"自适应"，开启抗锯齿过滤器，设置类型为"Mitchell-Netravali"，打开"颜色贴图"卷展栏，设置类型为"指数"，如图8-39所示。

STEP 40 切换到"间接照明"面板,打开"发光图"卷展栏,设置当前预设为"中",半球细分值为50,插值采样值为30,勾选"显示计算相位"和"显示直接光"复选框,如图8-40所示。

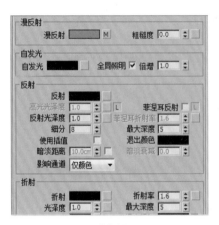

图 8-35

图 8-36

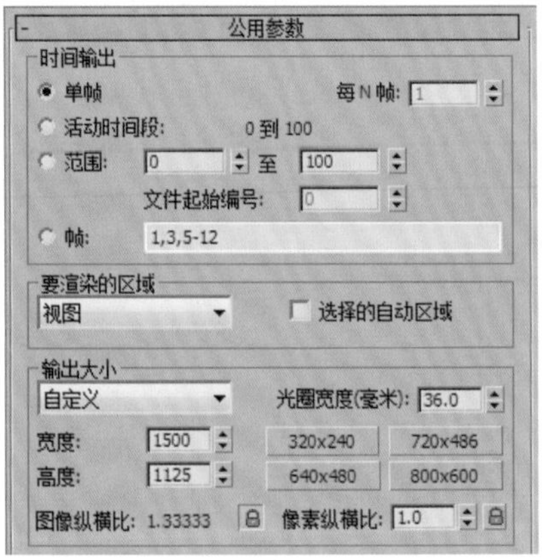

图 8-37

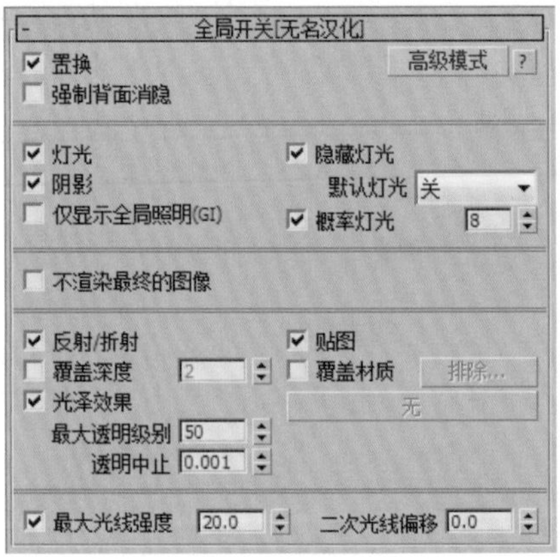

图 8-38

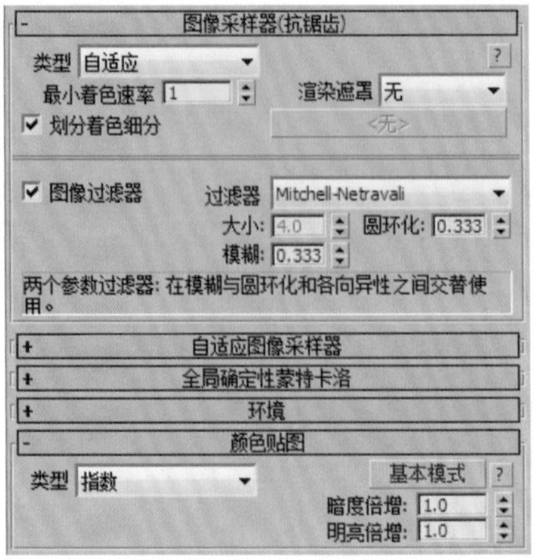

图 8-39

图 8-40

STEP 41 打开"灯光缓存"卷展栏，设置细分值为1000，勾选"存储直接光"和"显示计算相位"复选框，如图8-41所示。

图8-41

STEP 42 设置完成后保存文件，渲染摄影机视口，最终效果如图8-42所示。

图8-42

3ds 【从零起步】

8.1 认识渲染器

渲染器可以通过对参数的设置，将设置的灯光、所应用的材质及环境设置产生的场景，呈现出最终的效果。

8.1.1 渲染器类型

渲染器的类型很多，3ds Max自带了多种渲染器，分别是默认扫描线渲染器、NVIDIA iray

渲染器、NVIDIA mental ray渲染器、Quicksilver硬件渲
染器和VUE文件渲染器。除此之外还有就很多外置的
渲染器插件，如常见的VRay渲染器，如图8-43所示。

图8-43

1. 默认扫描线渲染器

默认扫描线渲染器是一种多功能渲染器，可以将
场景渲染为从上到下生成的一系列扫描线。默认扫描
线渲染器的渲染速度是最快的，但是真实度一般。

2. NVIDIA iray渲染器

NVIDIA iray渲染器通过跟踪灯光路径来创建物理
上的精确渲染。与其他渲染器相比，它几乎不需要进
行设置，并且该渲染器的特点在于可以指定要渲染的
时间长度、要计算的迭代次数，设置只需要启动渲染
一段时间后，在对结果外观满意时即可将渲染停止。

3. NVIDIA mental ray渲染器

NVIDIA mental ray渲染器是一种通用渲染器，可以生成灯光效果的物理校正模拟，包括
光线跟踪反射和折射、焦散和全局照明。

4. Quicksilver硬件渲染器

Quicksilver硬件渲染器使用图形硬件生成渲染，其优点就是它的速度，默认设置提供快
速渲染。

5. VUE文件渲染器

VUE文件渲染器可以创建VUE文件，该文件使用可编辑的ASCII格式。

6. VRay渲染器

VRay渲染器不是3ds Max自带的渲染器，只有安装和3ds Max软件版本相同的VRay渲染
器后，软件才可以使用该渲染器。VRay渲染器是渲染效果相对比较优质的渲染器，第8.3节
将会对该渲染器进行详细介绍。

8.1.2　渲染帧窗口

在3ds Max中进行渲染，都是通过"渲染帧窗口"来查看和编辑渲染结果的。3ds Max
2016的渲染帧窗口整合了相关的渲染设置，功能比以前的版本更加强大。图8-44所示为新的
渲染帧窗口。

- 保存图像：单击该按钮，可保存在渲染帧窗口中显示的渲染图像。
- 复制图像：单击该按钮，可将渲染图像复制到系统后台的剪切板中。
- 克隆渲染帧窗口：单击该按钮，将创建另一个包含显示图像的渲染帧窗口。
- 打印图像：单击该按钮，可调用系统打印机打印当前渲染图像。
- 清除：单击该按钮，可将渲染图像从渲染帧窗口中删除。
- 颜色通道：可控制红、绿、蓝以及单色和灰色等颜色通道的显示。

- 切换UI叠加：激活该按钮后，当使用渲染范围类型时，可以在渲染帧窗口中渲染范围框。
- 切换UI：激活该按钮后，将显示渲染的类型、视口的选择等功能面板。

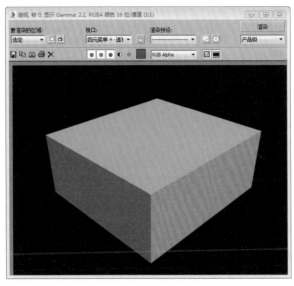

图8-44

8.2 默认渲染器的设置

在"渲染设置"对话框中，除了提供输出的相关设置外，还可以对渲染工作流程进行全局控制，如更换渲染器、控制渲染内容等，同时还可对默认的扫描线渲染器进行相关设置。

8.2.1 渲染选项

在"选项"选项组中，可以控制场景中的具体元素是否参与渲染，如大气效果或是渲染隐藏几何体对象等。图8-45所示为相关的参数面板。

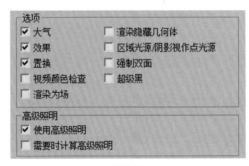

图8-45

其中，各参数介绍如下。

- 大气：勾选该复选框，将渲染所有应用的大气效果。
- 效果：勾选该复选框，将渲染所有应用的渲染效果。

- 置换：勾选该复选框，将渲染所有应用的置换贴图。
- 视频颜色检查：勾选该复选框，可检查超出NTSC或PAL安全阈值的像素颜色，标记这些像素颜色并将其改为可接受的值。
- 渲染为场：勾选该复选框，为视频创建动画时，将视频渲染为场。
- 渲染隐藏几何体：勾选该复选框，将渲染包括场景中隐藏几何体在内的所有对象。
- 区域光源/阴影视作点光源：勾选该复选框，将所有的区域光源或阴影当作是从点对象所发出的进行渲染。
- 强制双面：勾选该复选框，可渲染所有曲面的两个面。
- 超级黑：勾选该复选框，可以限制用于视频组合的渲染几何体的暗度。

8.2.2 抗锯齿过滤器

抗锯齿过滤器用于平滑渲染时产生的对角线或弯曲线条的锯齿状边缘。在需要保证图像质量的样图渲染时，都需启用该选项。3ds Max 2016提供了多种抗锯齿过滤器，如图8-46所示。

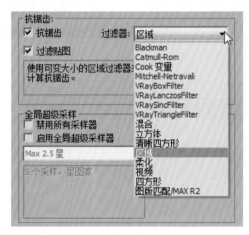

图8-46

其中，过滤器的各种类型介绍如下。

- Blackman：清晰但没有边缘增强效果的25像素过滤器。
- Catmull-Rom：具有轻微边缘增强效果的25像素重组过滤器。
- Cook变量：一种通用过滤器。参数值在1～2.5之间可以使图像清晰，更高的值将使图像模糊。
- Mitchell-Netravali：两个参数的过滤器，在模糊、圆环化和各向异性之间交替使用。
- 混合：在清晰区域和高斯柔化过滤器之间混合。
- 立方体：基于立方体样条线的25像素模糊过滤器。
- 清晰四方形：来自 Nelson Max 的清晰9像素重组过滤器。
- 区域：使用可变大小的区域过滤器来计算抗锯齿。
- 柔化：可调整高斯柔化过滤器，用于适度模糊。
- 视频：针对NTSC和PAL视频应用程序进行优化的25像素模糊过滤器。

- 图版匹配/MAX R2：使用3ds Max R2.x的方法（无贴图过滤），将摄影机和场景或无光/投影元素与未过滤的背景图像相匹配。
- 四方形：基于四方形样条线的9像素模糊过滤器。

8.3　VRay渲染器

VRay渲染器是一款优秀的渲染软件，利用全局光照系统模拟真实世界中的光的原理渲染场景中的灯光，渲染灯光较为真实。

8.3.1　VRay渲染器的特点

VRay渲染器是一款外挂渲染器，它的优点在于渲染速度快，渲染效果好。VRay主要用于渲染一些特殊效果，如光迹追踪、焦散、全局照明等。使用渲染器可以做到以下几点。

（1）指定材质类型，通过设置合适的参数创建大理石、磨砂玻璃等材质。

（2）模拟真实的光影追踪和折射效果。

（3）使用外部IES灯光文件，通过全局照明有效控制间接光照效果。

（4）使用VRay阴影类型，制作柔和面的阴影效果。

与3ds Max渲染器相比，VRay渲染器的最大特点是较好地平衡了渲染品质和渲染速度，在渲染设置面板中，VRay渲染器还提供了多种GI方式，这样渲染方式就比较灵活，既可以选择快速高效的渲染方案，还可以选择高品质的渲染方案。

图8-47所示为使用VRay渲染灯光效果，图8-48所示为渲染材质细节效果。

图8-47　　　　　　　　　　　　　　　　　图8-48

8.3.2　渲染器的设置

新建场景后，软件中的渲染器为默认扫描线渲染器，在"渲染设置"对话框中可以更改渲染器，可以通过以下操作打开"渲染设置"对话框。

- 执行"渲染"→"渲染设置"命令。
- 在工具栏右侧单击"渲染设置"按钮 。
- 按快捷键F10打开"渲染设置"对话框。

在此以VRay渲染器的设置为例展开介绍。

STEP01 执行"渲染"→"渲染设置"命令，打开"渲染设置"对话框，如图8-49所示。

STEP02 单击并拖动鼠标至页面最下方，展开"指定渲染器"卷展栏，并单击"选择渲染器"按钮，如图8-50所示。

图8-49　　　　　　　　　　　　　　　　图8-50

STEP03 打开"选择渲染器"对话框，选择渲染器，并单击"确定"按钮，如图8-51所示。

STEP04 设置完成后，对话框将更改为"VRay渲染设置"对话框，如图8-52所示。

图8-51　　　　　　　　　　　　　　　　图8-52

8.3.3　帧缓冲区

"帧缓冲区"卷展栏下的参数可以代替3ds Max自身的帧缓冲窗口。这里可以设置渲染图像的大小，以及保存渲染图像等，其参数面板如图8-53所示。

● 启用内置帧缓冲区：可以使用VRay自身的渲染窗口。

● 内存帧缓冲区：勾选该选项，可将图像渲染到内存，再由帧缓冲区窗口显示出来，方便用户观察渲染过程。

● 从MAX获取分辨率：当勾选该选项时，将从3ds Max的"渲染设置"对话框的

"公用"选项卡的"输出大小"选项组中获取渲染尺寸。

- 图像纵横比：控制渲染图像的长宽比。
- 宽度/高度：设置像素的宽度/高度。
- V-Ray Raw图像文件：控制是否将渲染后的文件保存到所指定的路径中。
- 单独的渲染通道：控制是否单独保存渲染通道。
- 保存RGB/Alpha：控制是否保存RGB色彩/Alpha通道。
- ...按钮：单击该按钮可以保存RGB和Alpha文件。

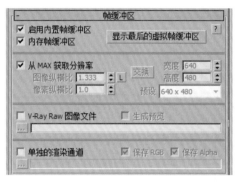

图8-53

8.3.4 全局开关

该卷展栏主要是对场景中的灯光、材质、置换等进行全局设置，如是否使用默认灯光、是否打开阴影、是否打开模糊等，其参数面板如图8-54所示。

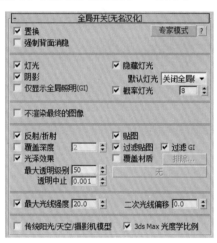

图8-54

- 置换：用于控制场景中的置换效果是否打开。
- 强制背面消隐：与"创建对象时背面消隐"选项相似，"强制背面消隐"是针对渲染而言的，勾选该选项后反法线的物体将不可见。
- 灯光：勾选此项时，V-Ray将渲染场景的光影效果，反之则不渲染。默认为勾选状态。
- 默认灯光：选择"开"时，V-Ray将会对软件默认提供的灯光进行渲染，选择

"关闭全局照明"则不渲染。

- 隐藏灯光：用于控制场景是否让隐藏的灯光产生照明。
- 阴影：用于控制场景是否产生投影。
- 仅显示全局照明：当此选项勾选时，场景渲染结果只显示GI的光照效果。
- 概率灯光：控制场景是否使用3ds Max系统中的默认光照，一般情况下都不勾选。
- 反射/折射：用于是否打开场景中材质的反射和折射效果。
- 覆盖深度：用于控制整个场景中的反射、折射的最大深度，其后面的输入框中的数值表示反射、折射的次数。
- 光泽效果：是否开启反射或折射模糊效果。
- 过滤贴图：用于控制VRay渲染器是否使用贴图纹理过滤。
- 过滤GI：控制是否在全局照明中过滤贴图。
- 覆盖材质：用于控制是否给场景赋予一个全局材质。单击右侧按钮，选择一个材质后，场景中所有的物体都将使用该材质渲染。在测试灯光时，这个选项非常有用。

8.3.5 图像采样器

在VRay渲染器中，图像采样器（抗锯齿）是指采样和过滤的一种算法，并产生最终的像素数组来完成图形的渲染。该卷展栏用于设置图像采样和抗锯齿过滤器类型，其界面如图8-55所示。

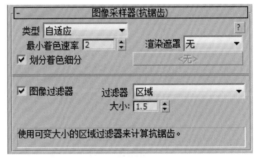

图8-55

- 类型：设置图像采样器的类型，包括固定、自适应、自适应细分以及渐进。
- 划分着色细分：当关闭抗锯齿过滤器时，常用于测试渲染，渲染速度非常快，质量较差。
- 图像过滤器：设置渲染场景的抗锯齿过滤器。

提 示

VRay渲染器提供了几种不同的采样算法，尽管会增加渲染时间，但是所有的采样器都支持3ds Max 2016的抗锯齿过滤算法。可以在"固定"采样器、"自适应"采样器和"自适应细分"、"渐进"采样器中根据需要选择一种进行使用。

8.3.6 全局确定性蒙特卡洛

"全局确定性蒙特卡洛"采样器可以说是VRay渲染器的核心，贯穿于每一种"模糊"计算中（抗锯齿、景深、间接照明、运动模糊等），一般用于确定获取什么样的样本，最终哪些样本被光线追踪。与那些任意一个"模糊"计算使用分散的方法来采样不同的是，VRay渲染器根据一个特定的值，使用一种独特的统一的标准框架来确定有多少以及多精确的样本被获取，这个标准框架就是"全局确定性蒙特卡洛"采样器。其参数面板如图8-56所示。

图8-56

- 自适应数量：用于控制重要性采样使用的范围。默认值为1时，表示在尽可能大的范围内使用重要性采样；为0时，则表示不进行重要性采样。
- 噪波阈值：在计算一种模糊效果是否足够好的时候，控制VRay的判断能力。在最后的结果中直接转化为噪波。
- 全局细分倍增：在渲染过程中这个选项会倍增任何地方任何参数的细分值。可以使用这个参数来快速增加或减少任何地方的采样质量。
- 最小采样：确定在使用早期终止算法之前必须获得的最少的样本数量。较高的取值将会减慢渲染速度，但同时会使早期终止算法更可靠。

8.3.7 环境

"环境"卷展栏如图8-57所示，其分为"全局照明环境（GI）""反射/折射环境"和"折射环境"三个选项组。

图8-57

1.全局照明（GI）环境

- 开启：控制是否开启VRay的天光。
- 颜色：设置天光的颜色。
- 倍增：设置天光亮度的倍增。值越高，天光的亮度越高。
- 贴图：选择贴图来作为天光的光照。

2.反射/折射环境

- 开启：当勾选该选项后，当前场景中的反射环境将由它来控制。

- 颜色：设置反射环境的颜色。
- 倍增：设置反射环境亮度的倍增。值越高，反射环境的亮度越高。
- 贴图：选择贴图来作为反射环境。

3. 折射环境

- 开启：当勾选该选项后，当前场景中的折射环境由它来控制。
- 颜色：设置折射环境的颜色。
- 倍增：设置反射环境亮度的倍增。值越高，折射环境的亮度越高。
- 贴图：选择贴图来作为折射环境。

8.3.8　颜色贴图

该卷展栏下的参数用来控制整个场景的色彩和曝光方式，其参数设置面板如图8-58所示。

图8-58

其中，各参数介绍如下。

- 类型：包括线性倍增、指数、HSV指数、强度指数、伽玛校正、强度伽玛、莱茵哈德七种模式。每个曝光类型的参数会有点不同，曝光效果也会略有不同。
- 子像素贴图：勾选该复选框后，物体的高光区与非高光区的界限处不会有明显的黑边。
- 钳制输出：勾选该复选框后，在渲染图中有些无法表现出来的色彩会通过限制来自动纠正。
- 影响背景：控制是否让曝光模式影响背景。当关闭该选项时，背景不受曝光模式的影响。
- 线性工作流：该选项就是一种通过调整图像的灰度值，来使得图像得到线性化显示的技术流程。

1. 莱茵哈德

该选项为指数和线性倍增两种曝光方式的结合体。选择该曝光方式时，会出现倍增和加深值两个选项。

- 倍增：倍增值是设置曝光强度，1.0实际上为线性曝光方式的效果，0.2接近指数曝光方式的效果，数值范围在0.2～1.0之间也就是线性曝光和指数曝光的混合曝光效果。
- 加深值：该选项用来设置渲染效果的饱和度。

2. 线性倍增

使用这种曝光方式的优点是亮度对比度突出，色相饱和度高，适合明暗关系对比突出、颜色饱和度高的场景空间，但是使用该曝光方式容易出现局部曝光的现象。选择该曝光方式后，卷展栏中会显示暗度倍增和明亮倍增两个选项。

- 暗度倍增：对暗色部分进行亮度倍增，调整场景中不直接接收灯光部分的亮度。
- 明度倍增：调整场景中迎光面和曝光面的亮度。

3. 指数

指数曝光方式的效果比较平和，不会出现局部曝光的现象，但是色彩饱和度降低，使效果看上去灰蒙蒙的、失去了许多色彩。

4. HSV和强度指数

HSV和强度指数与指数曝光方式类似，HSV会保护色彩的色调和饱和度。强度指数则在亮度上会有一些保留，缺点是从明处到暗处不会产生自然的过渡。

5. 伽玛校正

伽玛校正曝光方式可以对最终的图形进行简单校正，和线性倍增相同的是它会出现局部曝光的现象。选择该选项后，卷展栏中会显示倍增和反向伽玛两个选项。

- 倍增：设置渲染图面上的亮度。
- 反向伽玛：使伽玛值反向。

6. 强度伽玛

强度伽玛与伽玛校正曝光模式类似，还可以设置灯光的亮度。

8.3.9　全局照明

在修改VRay渲染器时，首先要开启全局照明，这样才能得到真实的渲染效果。开启GI后，光线会在物体与物体之间互相反弹，因此光线计算会更准确，图像也更加真实，参数设置面板如图8-59所示。

图8-59

其中，各参数介绍如下。

- 启用全局照明：勾选该选项后，将会开启GI效果。
- 首次引擎/二次引擎：VRay计算的光的方法是真实的，光线发射出来然后进行引擎，再进行引擎。
- 倍增：控制"首次引擎"和"二次引擎"的光的倍增值。
- 折射全局照明焦散：控制是否开启折射焦散效果。
- 反射全局照明焦散：控制是否开启反射焦散效果。

- 饱和度：可以控制色溢，降低该数值可以降低色溢效果。
- 对比度：控制色彩的对比度。
- 对比度基数：控制饱和度和对比度的基数。
- 环境阻光：控制饱和度和对比度的基数。
- 半径：控制环境阻光的半径。
- 细分：环境阻光的细分。

8.3.10　摄影机

　　"摄影机"是VRay系统里的一个摄像机特效功能，可以制作景深和运动模糊等效果，其参数面板如图8-60所示。

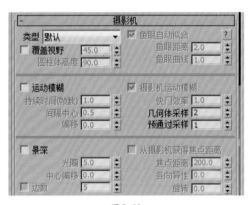

图8-60

1. 相机类型

　　"相机类型"选项组用来定义三维场景投射到平面的不同方式。
- 类型：VRay支持七种摄影机类型，分别是默认、球形、圆柱（点）、圆柱（正交）、盒、鱼眼、变形球（旧式）。
- 覆盖视野：替代3ds Max默认摄影机的视角，这里的视角最大为360°。
- 圆柱体高度：当仅使用"圆柱（正交）"摄影机时，该选项才可用，用于设定摄影机高度。
- 鱼眼自动拟合：当使用"鱼眼"和"变形球（旧式）"摄影机时，该选项才可用。
- 鱼眼距离：当使用"鱼眼"摄影机时，该选项才可用。在关闭"自适应"选项的情况下，该选项用来控制摄影机到反射球之间的距离，值越大，表示摄影机到反射球之间的距离越大。
- 鱼眼曲线：当使用"鱼眼"摄影机时，该选项才可用，主要用来控制渲染图形的扭曲程度。值越小，扭曲程度越大。

2. 运动模糊

　　"运动模糊"选项组中的参数用来模拟真实摄影机拍摄运动物体所产生的模糊效果，仅对运动的物体有效。
- 运动模糊：勾选该选项后，可以开启运动模糊特效。
- 持续时间（帧数）：控制运动模糊每一帧的持续时间，值越大，模糊程度越强。

- 间隔中心：用来控制运动模糊的时间间隔中心。0表示间隔中心位于运动方向的后面；0.5表示间隔中心位于模糊的中心；1表示间隔中心位于运动方向的前面。
- 偏移：用来控制运动模糊的偏移。0表示不偏移；负值表示沿着运动方向的反方向偏移；正值表示沿着运动方向偏移。
- 快门效率：控制快门的效率。
- 几何体采样：这个值常用在制作物体的旋转动画上。
- 预通过采样：控制在不同时间段上的模糊样本数量。

3. 景深

"景深"选项组主要用来模拟摄影中的景深效果。

- 景深：控制是否开启景深。
- 从摄影机获得焦点距离：当勾选该选项时，焦点由摄影机的目标点确定。
- 光圈：光圈值越小，景深越大；光圈值越大，景深越小，模糊程度越高。
- 中心偏移：这个参数主要用来控制模糊效果的中心位置。值为0表示以物体边缘均匀向两边模糊；正值表示模糊中心向物体内部偏移；负值则表示模糊中心向物体外部偏移。
- 边数：这个选项用来模拟物理世界中的摄影机光圈的多边形形状。例如，6就代表六边形。
- 焦点距离：摄影机到焦点的距离，焦点处的物体最清晰。
- 各向异性：控制多边形形状的各向异性，值越大，形状越扁。
- 旋转：光圈多边形形状的旋转。

8.3.11　自适应图像采样器

自适应图像采样器卷展栏如图8-61所示。

图8-61

- 最小细分：定义每个像素使用样本的最小数量。
- 最大细分：定义每个像素使用样本的最大数量。
- 使用确定性蒙特卡洛采样器阈值：若勾选该复选框，"颜色阈值"将不起作用。
- 颜色阈值：色彩的最小判断值，当色彩的判断达到这个值以后，就停止对色彩的判断。

拓展案例1： 渲染厨房场景

本案例文件在"光盘:\素材文件\第8章"目录下。

💻 绘图要领

（1）按快捷键F10打开"渲染设置"对话框，将渲染器更改为VRay渲染器。

（2）在"渲染设置"对话框中设置各参数。

（3）关闭对话框，按快捷键F9进行渲染。

最终效果如图8-62所示。

图8-62

拓展案例2： 打造金属效果

本案例文件在"光盘:\素材文件\第8章"目录下。

💻 绘图要领

（1）打开模型创建材质。

（2）打开"渲染设置"对话框进行设置并渲染。

最终效果如图8-63所示。

图8-63

第9章

09 综合案例：制作厨房效果图

内容概要：

本案例制作的是一个现代风格的厨房场景，整个制作过程的制作流程为：先建模、设置摄影机、添加灯光、创建材质、渲染模型，最后利用Photoshop进行处理。通过对本案例的学习，可以熟悉效果图的制作流程与方法。

知识要点：

- 创建主体模型
- 创建附属模型
- 架设摄影机
- 设置场景灯光
- 创建材质
- 效果图的后期处理

课时安排：

上机实训4课时

案例文件：

本案例文件在"光盘:\素材文件\第9章"目录下，本案例的操作视频在"光盘:\操作视频\第9章"目录下。

案例效果图：

9.1 创建厨房模型

本节将介绍厨房模型的创建过程，整个创建过程大致包括厨房主题模型、门窗及栏杆模型，以及橱柜模型的制作。

9.1.1 制作厨房主体模型

本场景中的厨房空间，外通一个阳台，光线较好，建筑主体模型的创建较为简单。下面对创建过程进行介绍。

STEP 01 执行"导入"命令，从"选择要导入的文件"对话框中选择CAD平面文件"厨房平面图.dwg"，如图9-1所示。

STEP 02 将平面图导入到当前视图中，如图9-2所示。

图9-1

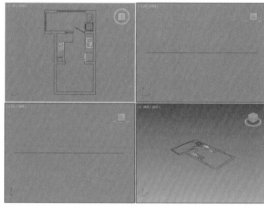

图9-2

STEP 03 开启捕捉开关，在创建命令面板中单击"线"按钮，在"顶"视图中捕捉绘制室内框线，如图9-3所示。

STEP 04 关闭捕捉开关，为其添加挤出修改器，设置挤出值为3000，如图9-4所示。

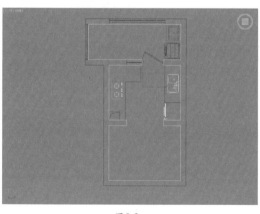

图9-3

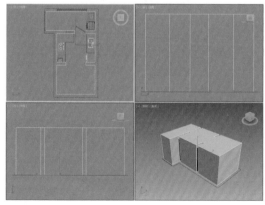

图9-4

STEP 05 将其转换为可编辑多边形，进入"边"子层级，选择两条边，如图9-5所示。

STEP 06 单击"连接"按钮，设置连接边数为2，如图9-6所示。

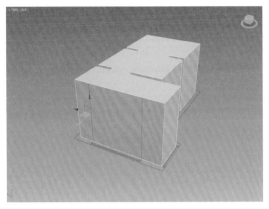
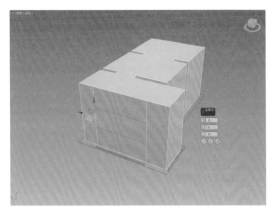

图9-5　　　　　　　　　　　　　　　　　　　图9-6

STEP 07 调整新创建的两条边的高度，如图9-7所示。

STEP 08 进入"多边形"子层级，选择多边形，如图9-8所示。

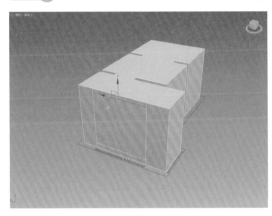
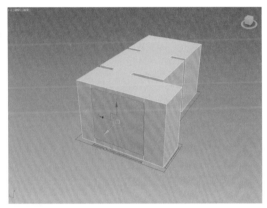

图9-7　　　　　　　　　　　　　　　　　　　图9-8

STEP 09 单击"挤出"按钮，设置挤出值为300，如图9-9所示。

STEP 10 按照上述操作步骤制作挤出另一侧多边形，如图9-10所示。

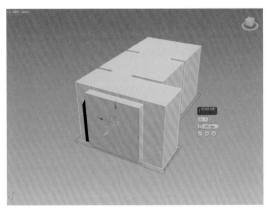
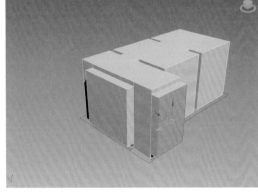

图9-9　　　　　　　　　　　　　　　　　　　图9-10

STEP 11 选择并删除两处挤出的多边形，形成窗口，如图9-11所示。

STEP 12 将视口设置为线框模式，进入"边"子层级，选择如图9-12所示的四条边。

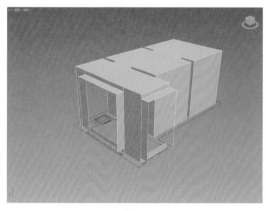

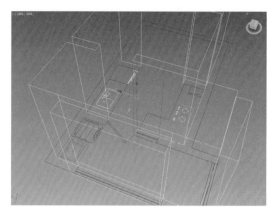

图9-11   图9-12

STEP 13 单击"连接"按钮，设置连接值为2，如图9-13所示。

STEP 14 调整边的高度，如图9-14所示。

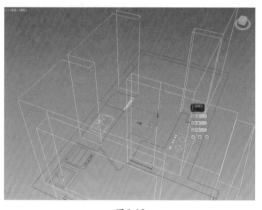

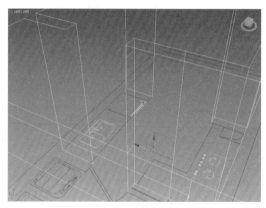

图9-13   图9-14

STEP 15 选择边，继续单击"连接"按钮，设置连接值为1，如图9-15所示。

STEP 16 在"前"视图中调整边的位置，如图9-16所示。

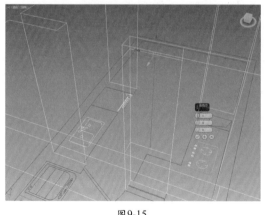

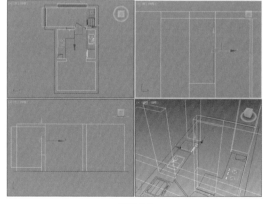

图9-15   图9-16

STEP 17 进入"多边形"子层级，选择相对的两个多边形，如图9-17所示。

09

STEP**18** 单击"桥"按钮，如图9-18所示。

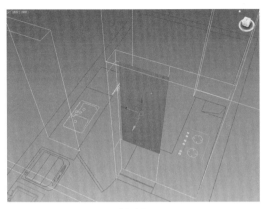

图9-17

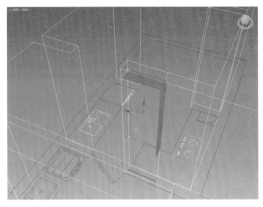

图9-18

STEP**19** 按Ctrl+A组合键全选多边形，单击"翻转"按钮，再将视图设置为真实模式，如图9-19所示。

STEP**20** 在创建命令面板中单击"长方体"按钮，捕捉创建一个长方体封闭阳台位置的门洞，如图9-20所示。

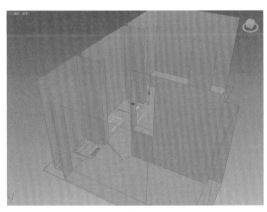

图9-19

图9-20

9.1.2 制作其他配套模型

完成主体模型的创建后，接下来创建门窗模型，以及阳台上的栏杆模型，在此主要利用到挤出修改器以及放样工具，其具体的操作过程如下。

STEP**01** 在创建命令面板中单击"矩形"按钮，在"前"视图中捕捉门洞绘制一个矩形，如图9-21所示。

STEP**02** 将其转换为可编辑样条线，进入"线段"子层级，选择线段，如图9-22所示。

STEP**03** 按Delete键删除，如图9-23所示。

STEP**04** 在创建命令面板中单击"线"按钮，在"顶"视图中绘制样条线作为门套截面轮廓，如图9-24所示。

图9-21   图9-22

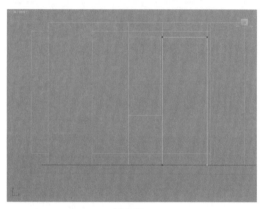

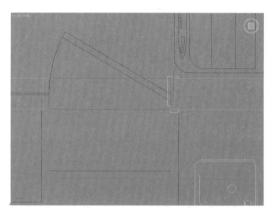

图9-23   图9-24

STEP 05 选择矩形样条线，再单击复合对象面板中的"放样"按钮，单击"获取图形"按钮，单击拾取视图中的样条线，如图9-25所示。

STEP 06 调整边位置，如图9-26所示。

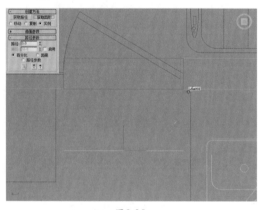

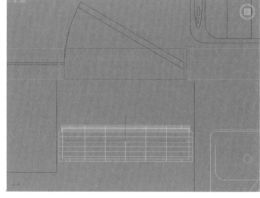

图9-25   图9-26

STEP 07 进入"图形"子层级，单击"选择并旋转"命令，选择图形并旋转180°，制作出门套模型，如图9-27所示。

STEP 08 调整门套模型的位置，如图9-28所示。

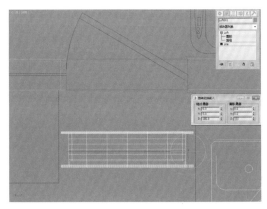

图9-27

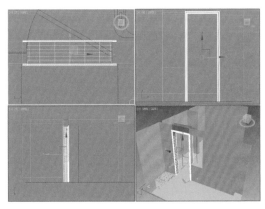

图9-28

STEP 09 在创建命令面板中单击"矩形"命令，在"前"视图中捕捉绘制一个矩形，如图9-29所示。

STEP 10 将其转换为可编辑样条线，进入"样条线"子层级，设置轮廓值为60，如图9-30所示。

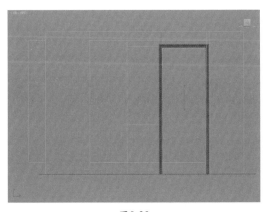

图9-29

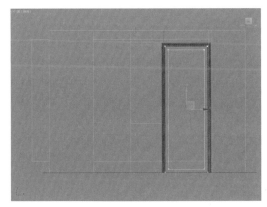

图9-30

STEP 11 为其添加挤出修改器，设置挤出值为80，并调整模型位置，如图9-31所示。

STEP 12 在"左"视图中绘制一个矩形，如图9-32所示。

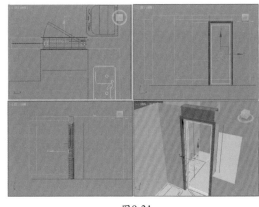

图9-31

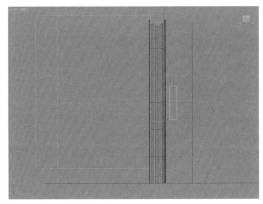

图9-32

STEP 13 将其转换为可编辑样条线，进入"样条线"子层级，设置轮廓值为20，如图9-33所示。

STEP 14 为其添加挤出修改器，设置挤出值为40，调整模型位置，作为门把手，如图9-34所示。

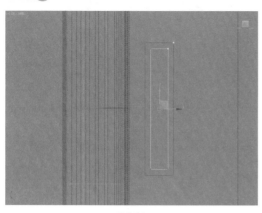

图9-33   图9-34

STEP 15 在创建命令面板中单击"矩形"命令，在"前"视图中捕捉门框绘制矩形，如图9-35所示。

STEP 16 为其添加挤出修改器，设置挤出值为12，调整位置，作为门玻璃，如图9-36所示。

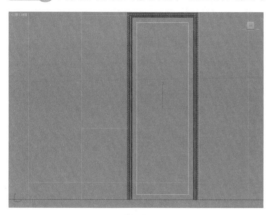
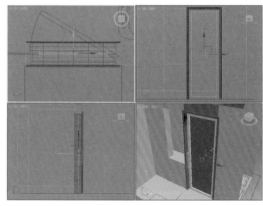

图9-35   图9-36

STEP 17 将门模型成组，并旋转角度，如图9-37所示。

STEP 18 按照上述制作门模型的方法再制作宽度厚度为40的窗户模型，将其成组，如图9-38所示。

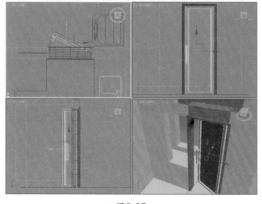
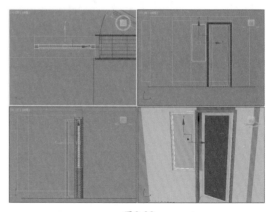

图9-37   图9-38

STEP 19 在创建命令面板中单击"长方体"命令，在"顶"视图创建一个长方体，调整位置，如图9-39所示。

STEP 20 在前视图中捕捉绘制一个矩形，如图9-40所示。

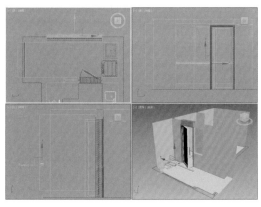

图9-39

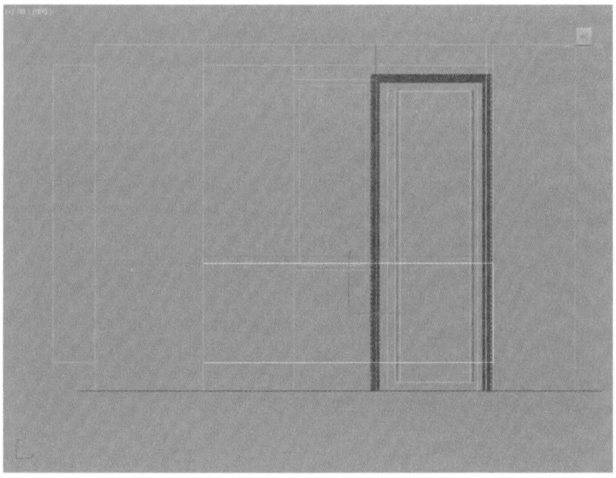

图9-40

STEP 21 添加挤出修改器，设置挤出值为12，如图9-41所示。

STEP 22 再制作阳台另一侧栏杆模型，如图9-42所示。

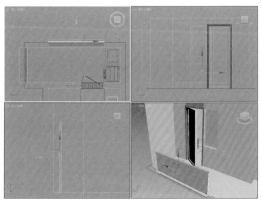

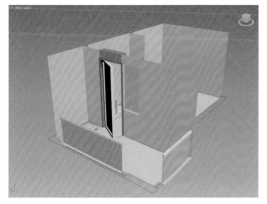

图9-41

图9-42

STEP 23 选择墙体多边形，单击"附加"按钮，附加选择门洞上方的长方体，如图9-43所示。

STEP 24 如此完善了墙体模型，门窗模型也已经完成，如图9-44所示。

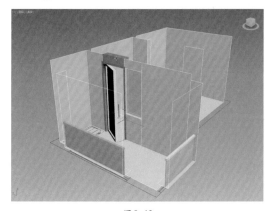

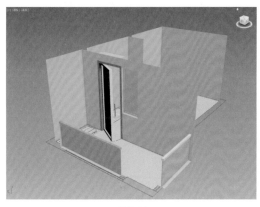

图9-43

图9-44

9.1.3　制作地柜模型

通常，橱柜分为地柜和吊柜两种，地柜又包含柜体、台面和隔水板三个部分，本节首先对地柜和洗菜盆模型的制作过程进行介绍。

STEP01　在创建命令面板中单击"线"按钮，在"顶"视图中捕捉绘制样条线，如图9-45所示。

STEP02　进入"顶点"子层级，选择两个顶点，如图9-46所示。

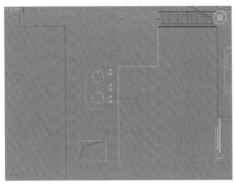
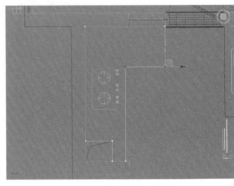

图9-45　　　　　　　　　　　　　　图9-46

STEP03　设置圆角量为20，对顶点进行圆角操作，如图9-47所示。

STEP04　为其添加挤出修改器，设置挤出值为50，调整模型高度，如图9-48所示。

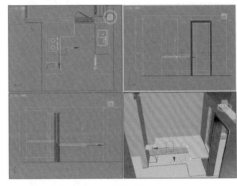

图9-47　　　　　　　　　　　　　　图9-48

STEP05　将模型转换为可编辑多边形，进入"边"子层级，选择边，如图9-49所示。

STEP06　单击"切角"按钮，设置切角量为5，创建出橱柜台面模型，如图9-50所示。

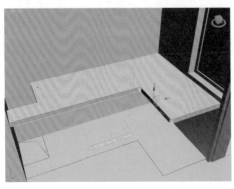
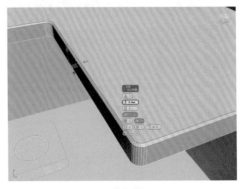

图9-49　　　　　　　　　　　　　　图9-50

STEP 07 在创建命令面板中单击"线"命令,在"左"视图中绘制一个轮廓,如图9 51所示。

STEP 08 进入"顶点"子层级,设置顶点类型为Bezier角点,调整样条线轮廓,如图9-52所示。

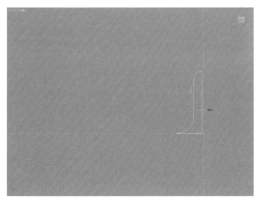

图9-51

图9-52

STEP 09 在"顶"视图中绘制样条线,如图9-53所示。

STEP 10 为其添加挤出修改器,设置挤出值为750,调整模型位置,如图9-54所示。

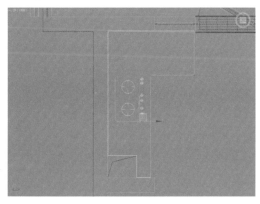

图9-53

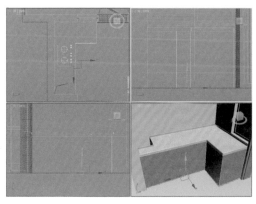

图9-54

STEP 11 将其转换为可编辑多边形,进入"边"子层级,选择多条边并单击"连接"设置按钮,设置连接数为3,如图9-55所示。

STEP 12 进入"顶点"子层级,在前视图中选择顶点并调整位置,如图9-56所示。

图9-55

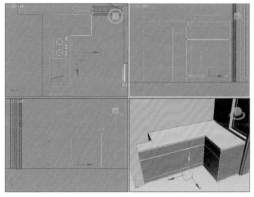

图9-56

STEP 13 进入"多边形"子层级，选择多边形，如图9-57所示。

STEP 14 单击"挤出"按钮，设置挤出值为8，挤出橱柜门造型，如图9-58所示。

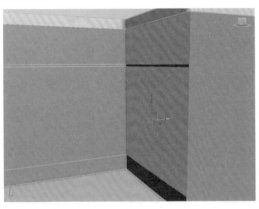

图9-57   图9-58

STEP 15 再挤出另一侧橱柜门造型，如图9-59所示。

STEP 16 选择踢脚区域的多边形，单击"挤出"按钮，设置挤出值为-10，如图9-60所示。

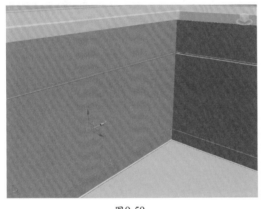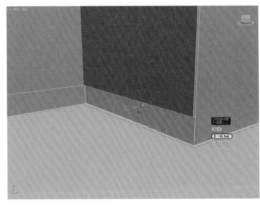

图9-59   图9-60

STEP 17 再挤出另一侧踢脚，如图9-61所示。

STEP 18 进入"边"子层级，选择柜门上的边，如图9-62所示。

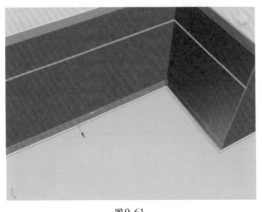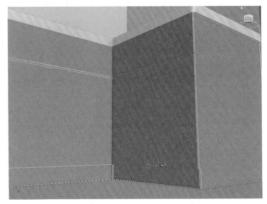

图9-61   图9-62

STEP 19 单击"连接"按钮，设置连接数为1，如图9-63所示。

STEP 20 选择橱柜另一侧的边，单击"连接"按钮，设置连接边数为3，如图9-64所示。

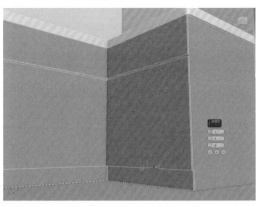

图9-63

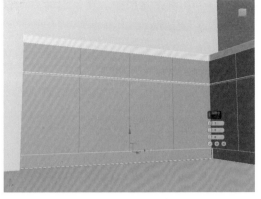

图9-64

STEP 21 选择多条边，单击"挤出"按钮，设置挤出高度为-10、挤出宽度为3，完成一侧地柜模型的创建，如图9-65所示。

STEP 22 按照上述创建橱柜的操作方法，创建另一侧地柜的模型，如图9-66所示。

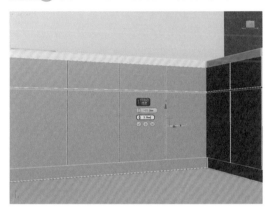

图9-65

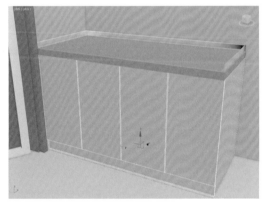

图9-66

STEP 23 在"前"视图中绘制样条线，如图9-67所示。

STEP 24 为其添加挤出修改器，设置挤出值为330，制作出柜门把手模型，调整到合适位置，如图9-68所示。

图9-67

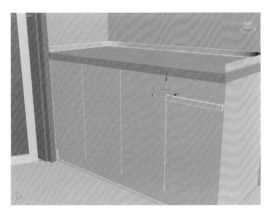

图9-68

STEP 25 复制把手模型并调整部分模型的挤出尺寸，如图9-69所示。

STEP 26 制作洗菜盆模型。在创建命令面板中单击"矩形"命令，创建一个820×480的矩形，如图9-70所示。

图9-69

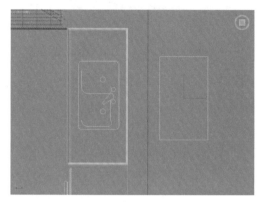

图9-70

STEP 27 在创建面板中取消勾选"开始新图形"复选框，继续创建矩形，设置尺寸320×320，如图9-71所示。

STEP 28 进入"样条线"子层级，选择内部的矩形样条线，如图9-72所示。

图9-71

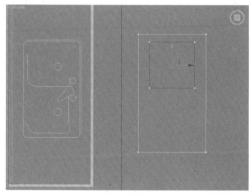

图9-72

STEP 29 按住Shift键向下进行复制，调整样条线位置，如图9-73所示。

STEP 30 进入"顶点"子层级，选择所有顶点，将Bezier角点转为角点，如图9-74所示。

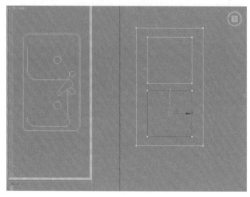

图9-73

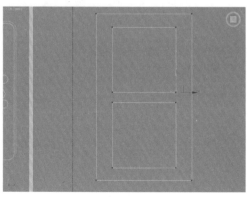

图9-74

STEP 31 设置圆角尺寸为10，单击"圆角"按钮，如图9-75所示。

STEP 32 为其添加挤出修改器，设置挤出值为22，如图9-76所示。

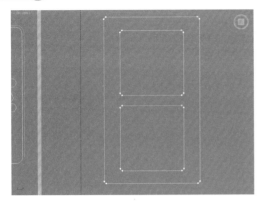

图9-75

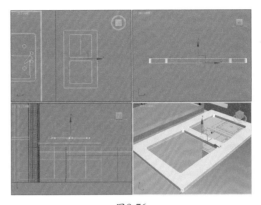

图9-76

STEP 33 进入"边"子层级，选择上方的周边，如图9-77所示。

STEP 34 继续选择下方顶点，设置衰减值为80，如图9-78所示。

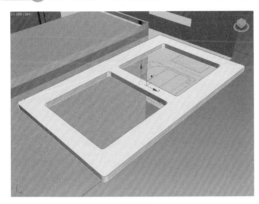

图9-77

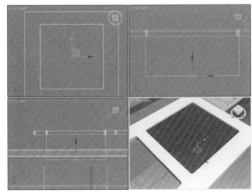

图9-78

STEP 35 在创建命令面板中单击"长方体"命令，创建一个320×320×150的长方体，调整位置，如图9-79所示。

STEP 36 将长方体转换为可编辑多边形，进入"多边形"子层级，选择多边形，如图9-80所示。

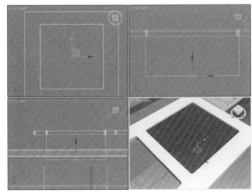

图9-79

图9-80

STEP 37 单击"插入"按钮，设置插入值为8，如图9-81所示。

STEP 38 单击"挤出"按钮，设置挤出值为-140，如图9-82所示。

图9-81

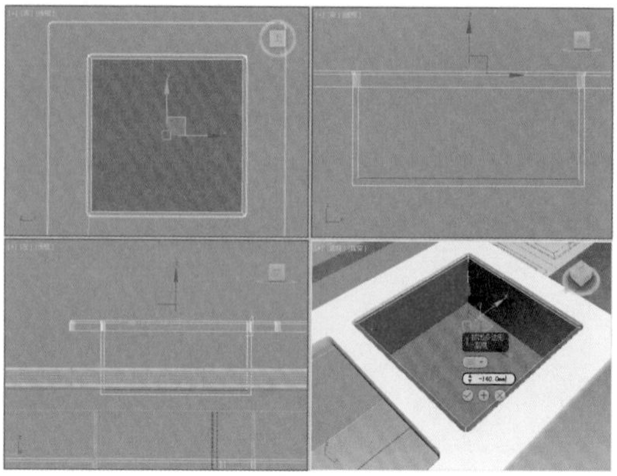

图9-82

STEP 39 进入"边"子层级，选择边，如图9-83所示。

STEP 40 单击"切角"按钮，设置边切角量为3，如图9-84所示。

图9-83

图9-84

STEP 41 复制模型到另一侧，如图9-85所示。

STEP 42 选择外部模型，单击"附加"按钮，附加选择新创建的两个模型，如图9-86所示。

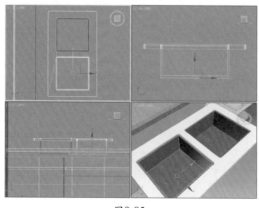
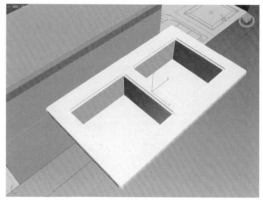

图9-85

图9-86

STEP 43 在"前"视图中绘制一段样条线，如图9-87所示。

STEP 44 进入"顶点"子层级，设置部分顶点为Bezier角点，调整控制柄，如图9-88所示。

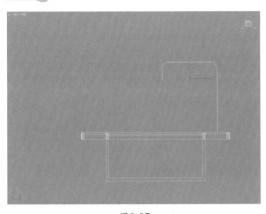
图9-87

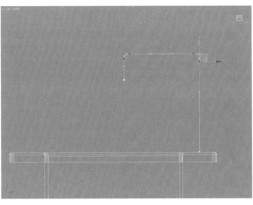
图9-88

STEP 45 在"顶"视图中绘制一个半径为10的圆，如图9-89所示。

STEP 46 将圆形转换为可编辑样条线，进入"样条线"子层级，设置轮廓值为3，制作出同心圆图形，如图9-90所示。

图9-89

图9-90

STEP 47 选择同心圆，在复合对象面板中单击"放样"按钮，再单击"获取路径"按钮，在视图中选择样条线，如图9-91所示。

STEP 48 制作出水龙头造型，移动模型到合适位置，如图9-92所示。

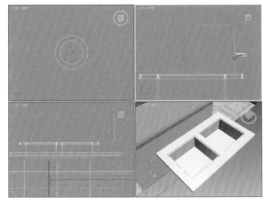
图9-91

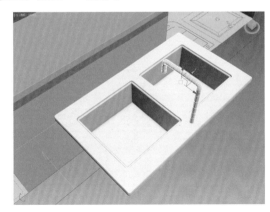
图9-92

STEP49 将其转换为可编辑多边形，进入"边"子层级，选择如图9-93所示的边。

STEP50 单击"挤出"设置按钮，设置挤出高度为-1、挤出宽度为2，如图9-94所示。

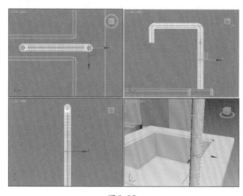

图9-93　　　　　　　　　　　　　　　　图9-94

STEP51 在创建命令面板中单击"切角圆柱体"命令，创建一个切角圆柱体，设置参数并调整到合适位置，如图9-95所示。

STEP52 再次创建切角圆柱体，设置参数并调整到合适位置，如图9-96所示。

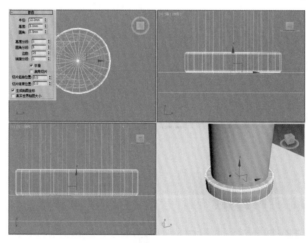

图9-95

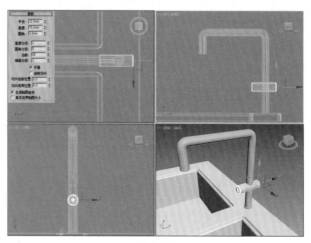

图9-96

STEP 53 继续创建切角圆柱体，调整参数及位置，如图9-97所示。

STEP 54 创建一个矩形，设置长度、宽度及角半径，再勾选"在渲染中启用"和"在视口中启用"复选框，设置径向厚度，如图9-98所示。

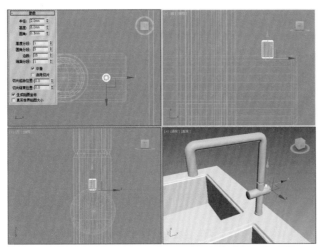

图9-97

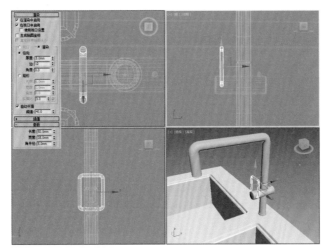

图9-98

STEP 55 选择水龙头主体模型，单击"附加"按钮，附加选择龙头其他部位，使其成为一个整体，至此洗菜盆模型完成，如图9-99所示。

STEP 56 将模型移动到合适位置，如图9-100所示。

STEP 57 创建一个740mm×360mm×300mm的长方体，移动到合适位置，如图9-101所示。

STEP 58 向上复制模型，如图9-102所示。

STEP 59 选择橱柜台面，在复合对象面板中单击"布尔"按钮，拾取长方体模型，如图9-103所示。

STEP 60 对橱柜台面进行布尔运算操作，如图9-104所示。

STEP 61 将长方体向下移动，如图9-105所示。

STEP 62 再对橱柜柜体进行布尔运算操作，如图9-106所示。

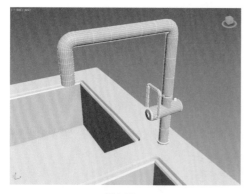

图9-99

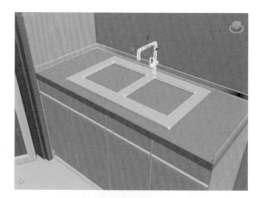

图9-100

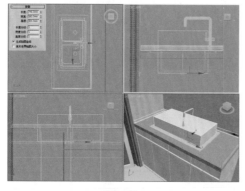

图9-101

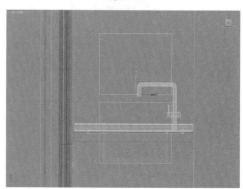

图9-102

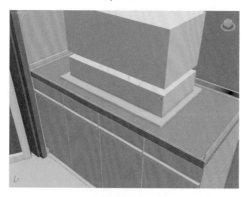

图9-103

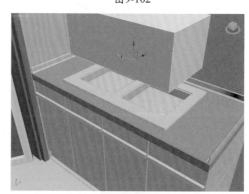

图9-104

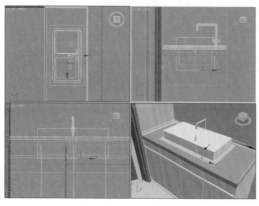

图9-105

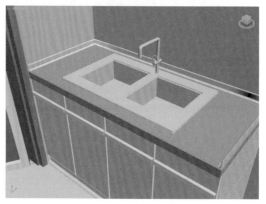

图9-106

9.1.4 制作吊柜模型

上一节介绍了地柜模型的创建，本节将对吊柜部分的创建进行介绍。

STEP 01 制作吊柜模型。创建一个1700mm×380mm×800mm的长方体模型，移动到合适的位置，如图9-107所示。

STEP 02 将其转换为可编辑多边形，进入"边"子层级，选择横向的边，如图9-108所示。

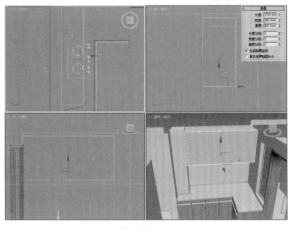

图9-107

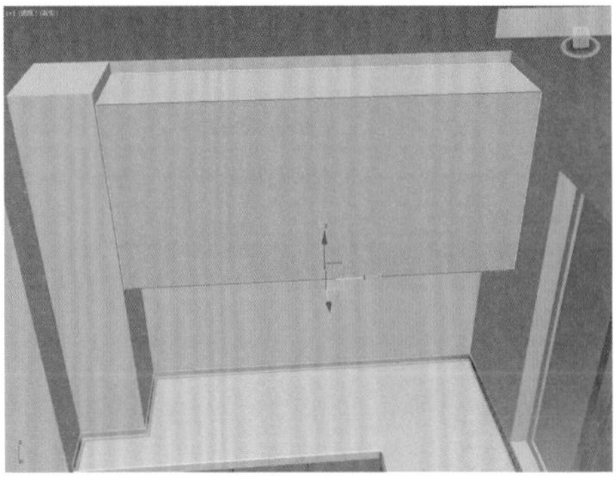

图9-108

STEP 03 单击"连接"按钮，设置连接边数为2，如图9-109所示。

STEP 04 沿Y轴移动边的位置，如图9-110所示。

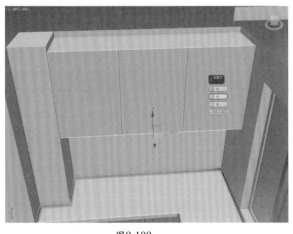

图9-109

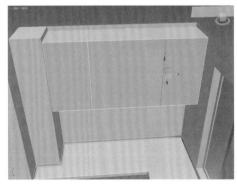

图9-110

STEP 05 选择两条边，如图9-111所示。

STEP 06 单击"连接"按钮，设置连接数为1，并沿Z轴调整边的位置，如图9-112所示。

STEP 07 调整边的位置，如图9-113所示。

STEP 08 进入"多边形"子层级，选择多边形，再单击"挤出"按钮，设置挤出值为-360，如图9-114所示。

STEP 09 删除多余的多边形和边，如图9-115所示。

09

10 进入"多边形"子层级，选择多边形，如图9-116所示。

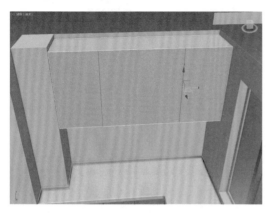

图9-111

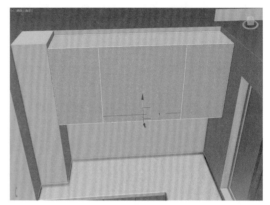

图9-112

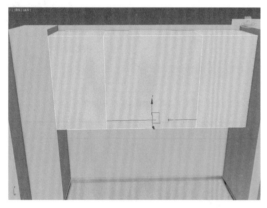

图9-113

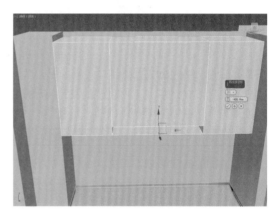

图9-114

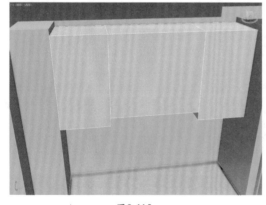

图9-115

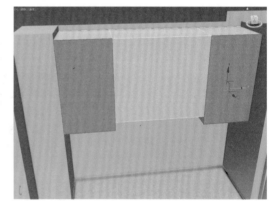

图9-116

STEP **11** 单击"插入"按钮，设置插入值为20，如图9-117所示。

STEP **12** 单击"挤出"按钮，设置挤出值为-360，如图9-118所示。

STEP **13** 进入"边"子层级，选择两条边，如图9-119所示。

STEP **14** 单击"连接"按钮，设置连接边数为2，如图9-120所示。

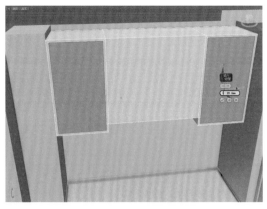

图9-117

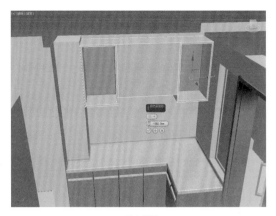

图9-118

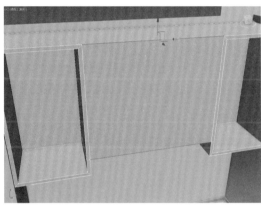

图9-119

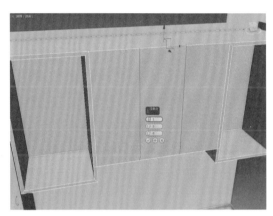

图9-120

STEP 15 调整两条边的位置，如图9-121所示。

STEP 16 进入"多边形"子层级，选择两个多边形，如图9-122所示。

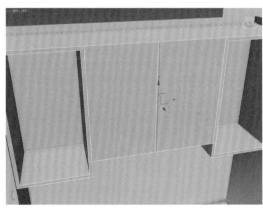

图9-121

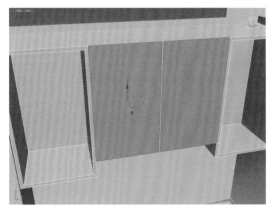

图9-122

STEP 17 单击"挤出"按钮，设置挤出值为18，如图9-123所示。

STEP 18 创建一个1670mm×320mm×18mm的长方体，调整参数及位置，如图9-124所示。

STEP 19 向上复制模型，调整位置，如图9-125所示。

STEP 20 在吊柜位置捕捉绘制一个800mm×446.667mm的矩形，如图9-126所示。

图9-123

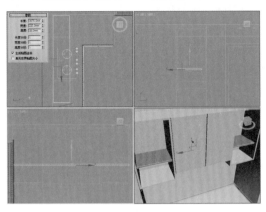

图9-124

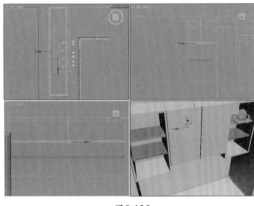

图9-125

图9-126

STEP 21 将其转换为可编辑样条线，进入"样条线"子层级，设置轮廓值为20，如图9-127所示。

STEP 22 为其添加挤出修改器，设置基础值为20，调整模型位置，如图9-128所示。

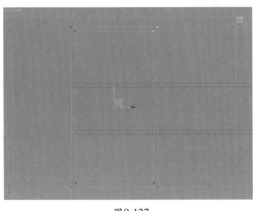

图9-127

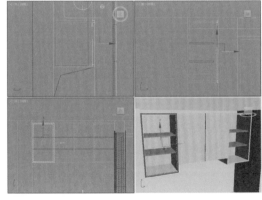

图9-128

STEP 23 将其转换为可编辑多边形，进入"多边形"子层级，选择多边形，如图9-129所示。

STEP 24 单击"倒角"按钮，设置倒角高度为3mm、倒角轮廓值为-3mm，如图9-130所示。

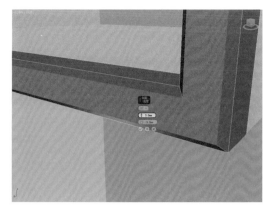

图9-129   图9-130

STEP 25 捕捉内框创建一个760mm×406.667mm的矩形，如图9-131所示。

STEP 26 为其添加挤出修改器，设置挤出值为10，调整到合适位置，如图9-132所示。

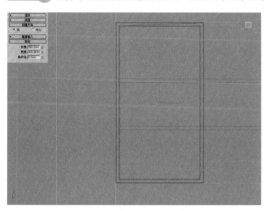
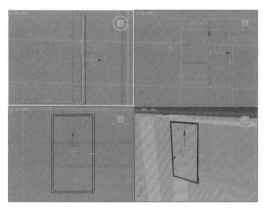

图9-131   图9-132

STEP 27 复制模型到另一侧，如图9-133所示。

STEP 28 再复制柜门拉手模型到吊柜，如图9-134所示。

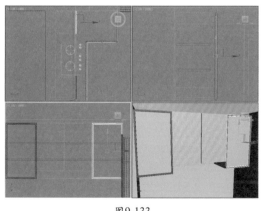
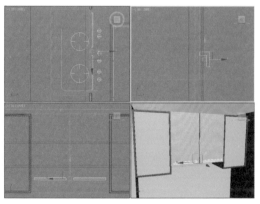

图9-133   图9-134

STEP 29 至此，完成吊柜模型的创建，如图9-135所示。

STEP 30 为场景合并其他成品模型，如厨具、电器等，调整到合适位置，如图9-136所示。

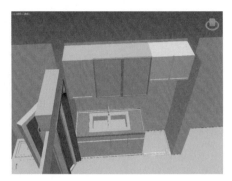

图9-135   图9-136

9.2 创建摄影机

模型建好后，接下来即要创建摄影机，以便观察场景及后期渲染出图。摄影机的设置过程介绍如下。

STEP 01 在"显示"面板中勾选"图形"复选框，隐藏图形类别，如图9-137所示。

STEP 02 在"顶"视图中创建一架摄影机，如图9-138所示。

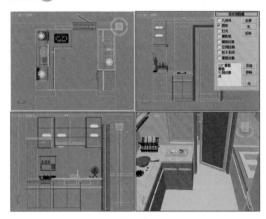

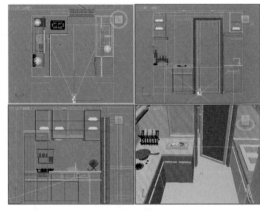

图9-137   图9-138

STEP 03 在修改命令面板中调整摄影机参数，再调整摄影机角度及高度，如图9-139所示。

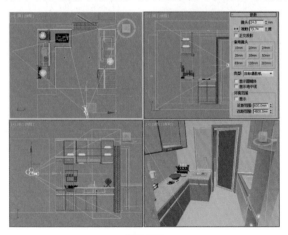

图9-139

STEP 04 在"渲染设置"对话框中设置图像输出大小，如图9-140所示。

STEP 05 在透视视口中按快捷键C转到摄影机视口，并设置摄影机视口显示安全框，如图9-141所示。

图9-140

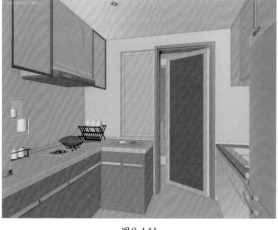

图9-141

9.3　创建并赋予材质

下面要为场景中的模型创建材质，所导入的成品模型本身具有材质，这里就只对创建的模型材质进行创建，具体的操作步骤如下。

STEP 01 按快捷键M打开材质编辑器，选择一个空白材质球，将其设置为VrayMtl材质，设置漫反射颜色为白色，如图9-142所示。

STEP 02 创建好的白色乳胶漆材质示例窗效果如图9-143所示。

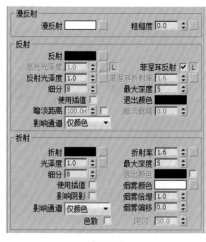

图9-142

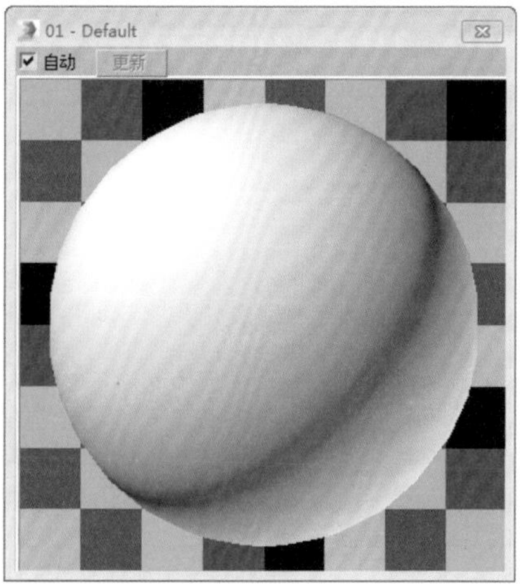

图9-143

STEP 03 选择一个空白材质球，将其设置为VrayMtl材质，为漫反射添加平铺贴图，设置反射颜色及反射参数，如图9-144所示。

STEP 04 反射颜色设置如图9-145所示。

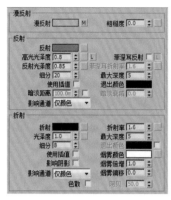

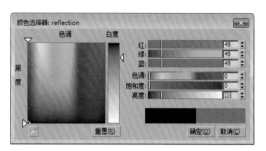

图9-144　　　　　　　　　　　　　　　　　　图9-145

STEP 05 在"双向反射分布函数"卷展栏中设置函数类型为"多面"，如图9-146所示。

STEP 06 进入平铺贴图设置，在"高级控制"卷展栏中为平铺设置添加位图贴图，设置水平数与垂直数，再设置砖缝纹理颜色，以及随机种子量，如图9-147所示。

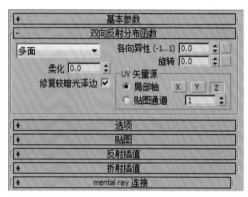

图9-146　　　　　　　　　　　　　　　　　　图9-147

STEP 07 砖缝颜色设置如图9-148所示。

STEP 08 创建好的墙砖材质示例窗效果如图9-149所示。

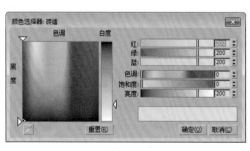

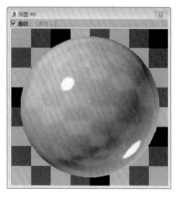

图9-148　　　　　　　　　　　　　　　　　　图9-149

STEP 09 选择一个空白材质球，将其设置为VrayMtl材质，设置反射颜色及参数，如图9-150所示。

STEP 10 在"双向反射分布函数"卷展栏中设置函数类型为"多面"，如图9-151所示。

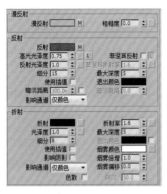

图9-150

图9-151

STEP⑪ 进入平铺贴图设置，在"高级控制"卷展栏中为平铺设置添加位图贴图，设置水平数与垂直数，再设置砖缝纹理颜色，以及随机种子量，如图9-152所示。

STEP⑫ 在"衰减参数"卷展栏中设置衰减颜色2，如图9-153所示。

图9-152

图9-153

STEP⑬ 衰减颜色设置如图9-154所示。

STEP⑭ 创建好的地面材质示例窗效果如图9-155所示。

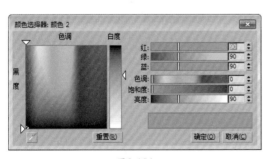

图9-154

图9-155

STEP⑮ 将地面多边形从模型中分离出来，再将所创建的材质分别制定给场景中的对象，并分别为其添加UVW贴图，设置参数，如图9-156所示。

STEP⑯ 选择一个空白材质球，将其设置为VrayMtl材质，设置漫反射颜色与折射颜色为白色，设置反射颜色、反射参数及折射参数，如图9-157所示。

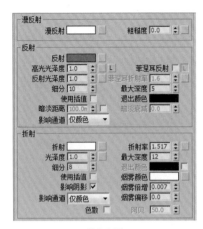

图9-156 图9-157

STEP 17 反射颜色设置如图9-158所示。

STEP 18 设置好的玻璃材质示例窗效果如图9-159所示。

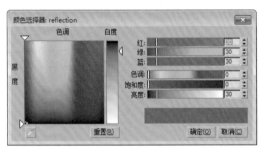

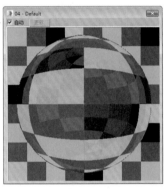

图9-158 图9-159

STEP 19 选择一个空白材质球，将其设置为VrayMtl材质，设置漫反射颜色及反射颜色，再设置反射参数，如图9-160所示。

STEP 20 漫反射颜色及反射颜色设置如图9-161所示。

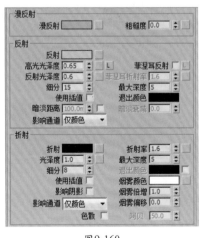

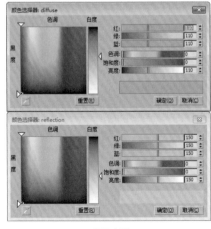

图9-160 图9-161

STEP 21 创建好的窗框材质示例窗效果如图9-162所示。

STEP 22 选择一个空白材质球，将其设置为VrayMtl材质，设置反射颜色，再设置反射参数，如图9-163所示。

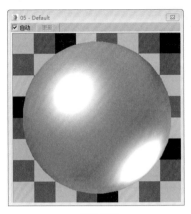

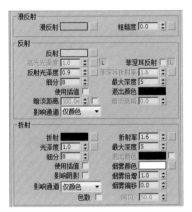

图9-162

图9-163

STEP 23 反射颜色设置如图9-164所示。

STEP 24 在"双向反射分布函数"卷展栏中设置参数，如图9-165所示。

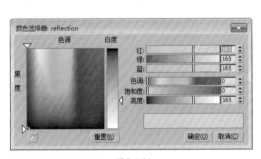

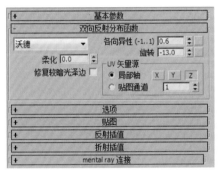

图9-164

图9-165

STEP 25 创建好的橱柜门拉丝不锈钢材质示例窗效果如图9-166所示。

STEP 26 将创建好的各种材质指定给场中的模型对象，如图9-167所示。

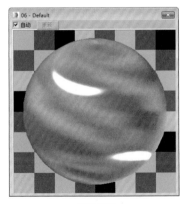

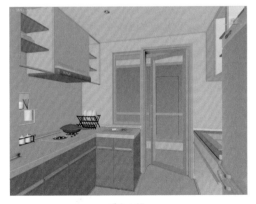

图9-166

图9-167

STEP 27 选择一个空白材质球，将其设置为VrayMtl材质，为漫反射通道添加位图贴图，为反射通道添加衰减贴图，设置反射参数，如图9-168所示。

STEP 28 在衰减设置面板中设置衰减颜色，如图9-169所示。

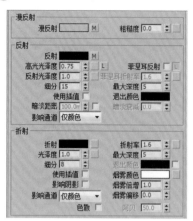

图9-168

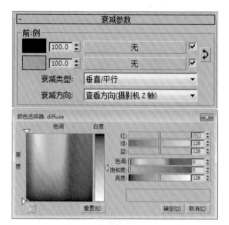

图9-169

STEP 29 在"双向反射分布函数"卷展栏中设置参数，如图9-170所示。

STEP 30 创建好的橱柜台面材质示例窗效果如图9-171所示。

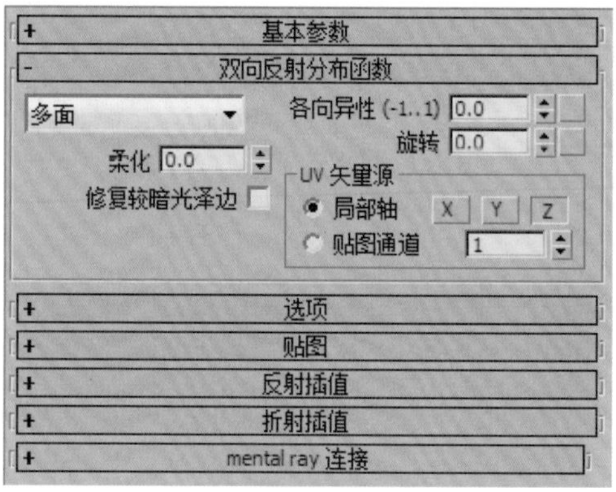

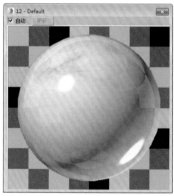

图9-170

图9-171

STEP 31 选择一个空白材质球，将其设置为VrayMtl材质，为漫反射通道添加位图贴图，设置反射颜色及反射参数，如图9-172所示。

STEP 32 反射颜色设置如图9-173所示。

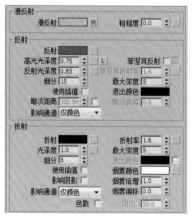

图9-172

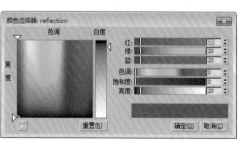

图9-173

STEP 33 创建好的橱柜柜门木纹材质示例窗效果如图9-174所示。

STEP 34 选择一个空白材质球，将其设置为VrayMtl材质，设置漫反射颜色为白色，为反射通道添加衰减贴图，再设置反射参数，如图9-175所示。

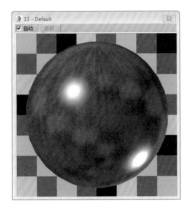

图9-174

图9-175

STEP 35 在衰减参数面板中设置衰减类型，如图9-176所示。

STEP 36 创建好的白瓷材质示例窗效果如图9-177所示。

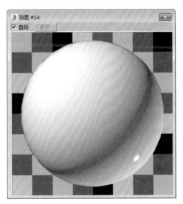

图9-176

图9-177

STEP 37 将创建好的材质指定给场景中的橱柜等模型，如图9-178所示。

STEP 38 渲染摄影机视口，效果如图9-179所示，这是未对场景设置光源以及渲染设置下的效果。

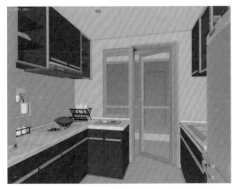

图9-178

图9-179

9.4　添加光源并进行渲染设置

本小节将对场景进行室内和室外光源的创建，然后再进行测试渲染参数的设置。具体的操作过程如下。

STEP 01　打开"渲染设置"对话框，在"帧缓冲区"卷展栏中取消勾选"启用内置帧缓冲区"复选框，在"图像采样器"卷展栏中设置最小着色速率为1，设置过滤器类型，如图9-180所示。

STEP 02　在"全局照明"卷展栏中启用全局照明，设置二次引擎为灯光缓存，在"发光图"卷展栏中设置预设值模式及细分采样值等，在"灯光缓存"卷展栏中设置细分值，如图9-181所示。

图9-180

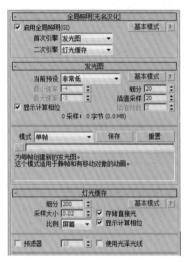

图9-181

STEP 03　在"系统"卷展栏中设置序列模式以及动态内存限制值，如图9-182所示。

STEP 04　在"前"视图中创建一盏VRay灯光，调整到合适位置，如图9-183所示。

图9-182

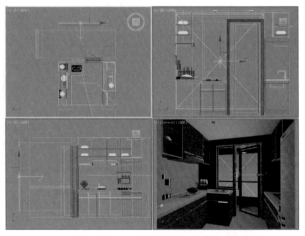

图9-183

STEP 05　渲染摄影机视口，效果如图9-184所示。

图9-184

STEP 06 设置灯光颜色及倍增强度，勾选"不可见"复选框，再设置采样细分值，如图9-185
所示。

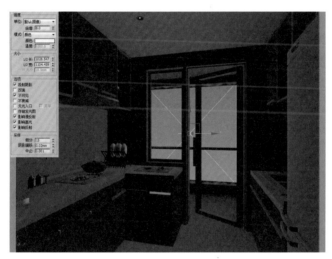

图9-185

STEP 07 灯光颜色设置如图9-186所示。

STEP 08 再次渲染摄影机视口，效果如图9-187所示。

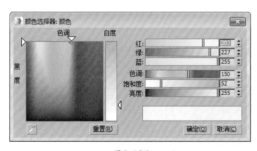

图9-186

图9-187

STEP 09 在"前"视图中创建VRay灯光，设置灯光参数并调整到合适位置，如图9-188所示。

09

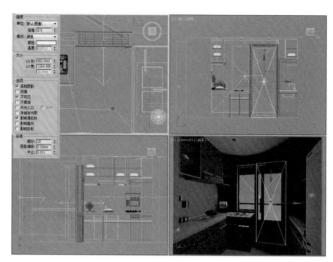

图9-188

STEP 10 渲染摄影机视口，效果如图9-189所示。

图9-189

STEP 11 在摄影机后方创建一个VRay灯光，设置灯光颜色及强度等参数并调整位置，如图9-190所示。

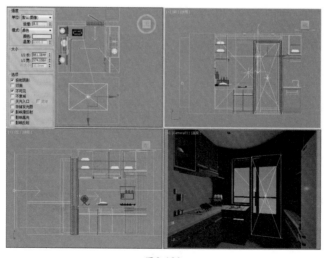

图9-190

STEP**12** 灯光颜色设置如图9-191所示。

STEP**13** 渲染摄影机视口，效果如图9-192所示。

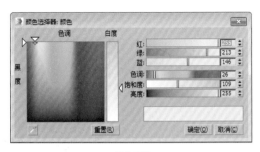

图9-191

图9-192

STEP**14** 在"前"视图中创建一个自由灯光，调整灯光位置，如图9-193所示。

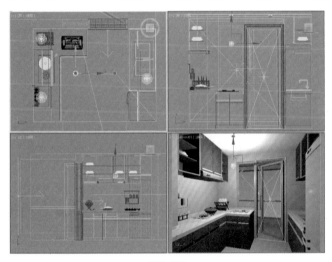

图9-193

STEP**15** 启用VR阴影，为其添加光域网，并调整灯光颜色，如图9-194所示。

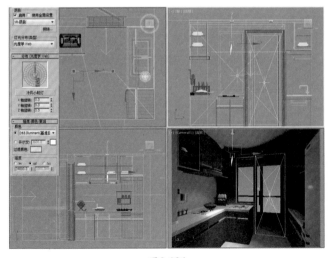

图9-194

09

STEP16 渲染摄影机视口，效果如图9-195所示。

STEP17 从效果图中可以看到，自由灯光的亮度较强，这里调整灯光强度为18000，如图9-196所示。

图9-195

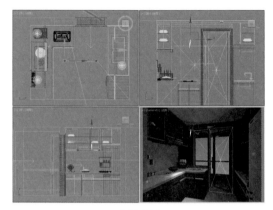

图9-196

STEP18 渲染摄影机视口，效果如图9-197所示。

STEP19 复制灯光到另一侧，调整角度，如图9-198所示。

图9-197

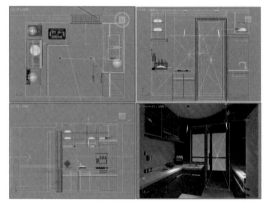

图9-198

STEP20 渲染摄影机视口，效果如图9-199所示。

STEP21 打开材质编辑器，选择一个空白材质球，设置为VR灯光材质，为其添加位图贴图，再设置颜色强度值，如图9-200所示。

STEP22 材质示例窗效果如图9-201所示。

STEP23 在"前"视图中创建一个长方体，调整到室外合适位置，如图9-202所示。

STEP24 将材质指定给室外的模型，渲染摄影机视口，效果如图9-203所示。

STEP25 达到了想要的效果后，就可以进行最后的成图渲染。打开"渲染设置"对话框，重新设置输出尺寸，如图9-204所示。

STEP26 在"全局确定性蒙特卡洛"卷展栏中设置噪波阈值及最小采样值，勾选"时间独立"复选框，如图9-205所示。

STEP27 在"发光图"卷展栏中设置预设登记，再设置细分及采样值，接着在"灯光缓存"

卷展栏中设置细分值，如图9-206所示。

STEP 28 渲染摄影机视口，最终效果如图9-207所示。

图9-199

图9-200

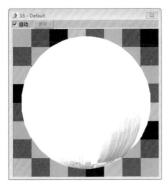

图9-201

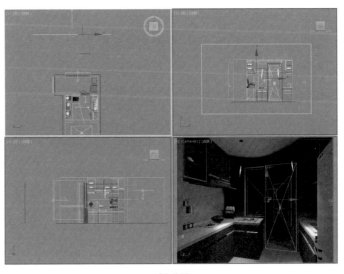

图9-202

图9-203

图9-204

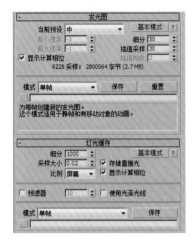

图9-205

图9-206

图9-207

9.5 效果图后期处理

效果图后期处理是效果图制作较为重要的一个部分，可以弥补渲染效果中的一些不足，如整体亮度、颜色饱和度以及一些瑕疵的处理，这需要对Photoshop软件有一定的操作基础。下面介绍其操作步骤。

STEP 01 在Photoshop软件中打开渲染效果，如图9-208所示。

STEP 02 执行"图像"→"调整"→"亮度/对比度"命令，打开"亮度/对比度"对话框，调整增加亮度以及对比度，勾选"预览"复选框，可以看到整体效果变亮，并且明暗对比增强，如图9-209所示。

STEP 03 执行"图像"→"调整"→"色相/饱和度"命令，打开"色相/饱和度"对话框，调整黄色的饱和度，如图9-210所示。

STEP 04 执行"图像"→"调整"→"曲线"命令，打开"曲线"对话框，调整曲线形状，如图9-211所示。

STEP 05 复制图层，设置图层不透明度为30%，再设置图层类型为"正片叠底"，完成效果图的调整，如图9-212所示。

STEP 06 最终效果如图9-213所示。

图9-208

图9-209

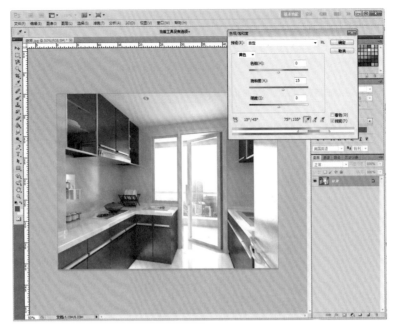

图9-210

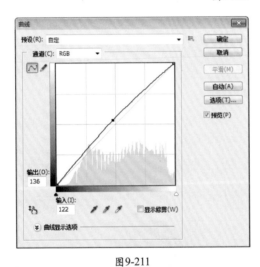

图9-211

图9-212

图9-213

第10章

10 综合案例：制作客厅效果图

内容概要：

本章创建的是一个田园风格的客厅场景，在制作过程中首先创建其主体建筑模型及其附属模型，随后创建摄影机、材质，最后创建光源并渲染模型。最终得到一个光线充足，色彩丰富的客厅效果图。

知识要点：

- 样条线的操作
- 挤出、倒角命令的使用
- 创建摄影机
- 创建材质
- 设置场景灯光
- VRay渲染器的应用

课时安排：

上机实训4课时

案例文件：

本案例文件在"光盘:\素材文件\第10章"目录下，本案例的操作视频在"光盘:\操作视频\第10章"目录下。

案例效果图：

10.1 制作客厅模型

本节将介绍客厅模型的创建，整个创建过程大致包括客厅主体模型、窗户造型、吊顶造型，以及家具模型的制作。

10.1.1 制作主体建筑模型

下面将对客厅主体建筑模型的创建过程进行介绍。

STEP 01 执行"导入"命令，导入卫生间CAD平面图"二居室平面图.dwg"，将平面图导入到当前视图中，如图10-1所示。

STEP 02 开启捕捉开关，在创建命令面板中单击"线"按钮，在"顶"视图中捕捉绘制室内框线，如图10-2所示。

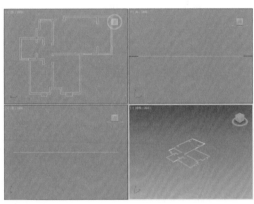

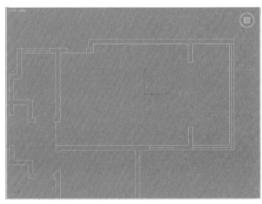

图10-1

图10-2

STEP 03 关闭捕捉开关，为其添加挤出修改器，设置挤出值为3000，如图10-3所示。

STEP 04 将其转换为可编辑多边形，进入"边"子层级，选择两条边，单击"连接"按钮，设置连接边数为2，如图10-4所示。

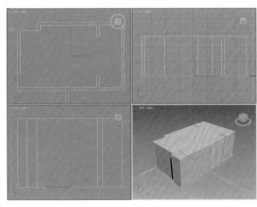

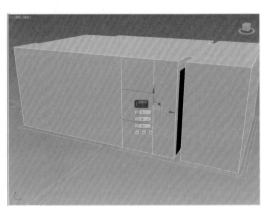

图10-3

图10-4

STEP 05 调整新创建的两条边的高度，再制作阳台位置的边，并调整高度，如图10-5所示。

STEP 06 进入"多边形"子层级，选择多边形，单击"挤出"按钮，设置挤出值为200，如图10-6所示。

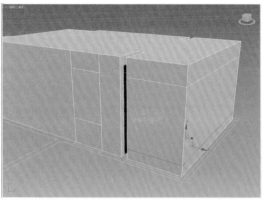

图10-5

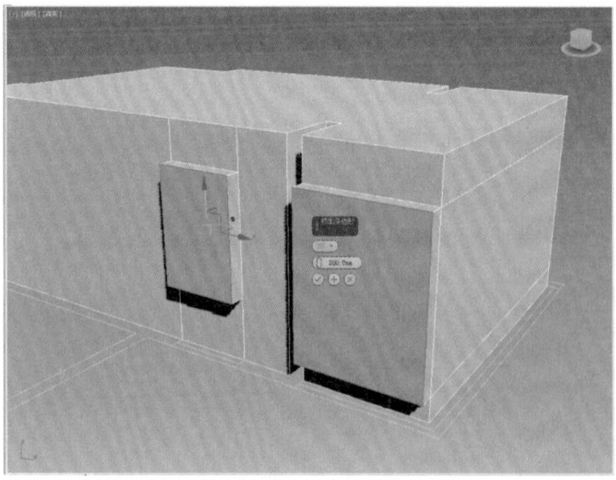

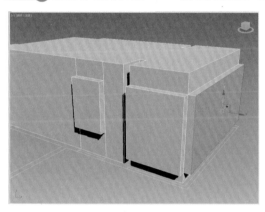

图10-6

STEP 07 再挤出另一侧多边形，如图10-7所示。

STEP 08 选择多边形并按Delete键将其删除，如图10-8所示。

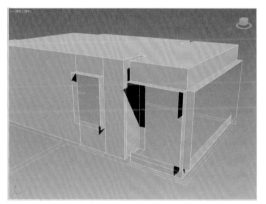

图10-7

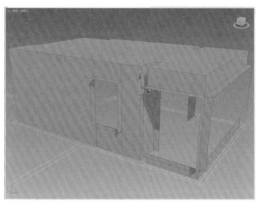

图10-8

STEP 09 按Ctrl+A组合键，全选所有多边形，如图10-9所示。

STEP 10 单击"翻转"按钮，即可透视看到模型内部，如图10-10所示。

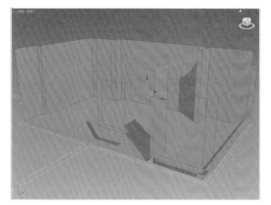

图10-9

图10-10

STEP 11 在"左"视图中绘制一条样条线，如图10-11所示。

STEP 12 进入"顶点"子层级，设置顶点类型为Bezier角点，调整控制柄，如图10-12所示。

图10-11

图10-12

STEP**13** 为其添加挤出修改器，设置挤出值为200，调整位置，如图10-13所示。

STEP**14** 选择建筑多边形，单击"附加"按钮，附加选择刚才创建的模型，使其成为一个整体，如图10-14所示。

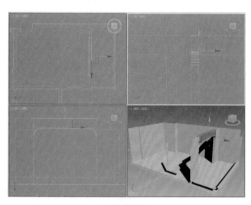
图10-13

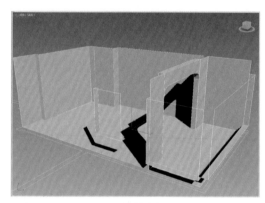
图10-14

10.1.2 制作窗户造型

下面介绍该窗户模型的制作。在此需事先说明，阳台位置后期会利用窗帘来遮挡，可以省去创建步骤。具体的操作过程如下。

STEP**01** 在"顶"视图中绘制一个矩形，设置参数，如图10-15所示。

STEP**02** 在"前"视图中捕捉绘制一个矩形，保持选择状态，在复合对象面板中单击"放样"按钮，再单击"获取图形"按钮，单击选择另一个矩形，如图10-16所示。

图10-15

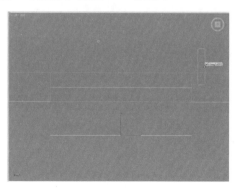
图10-16

STEP**03** 制作出窗套模型，移动到合适位置，如图10-17所示。

STEP**04** 在"前"视图中捕捉绘制一个矩形，如图10-18所示。

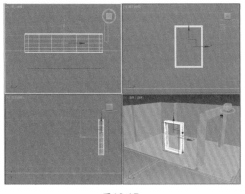

图10-17　　　　　　　　　　　　　图10-18

STEP**05** 将其转换为可编辑样条线，进入"样条线"子层级，如图10-19所示。

STEP**06** 选择样条线并进行复制，再进入"顶点"子层级，调整顶点，如图10-20所示。

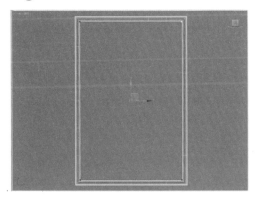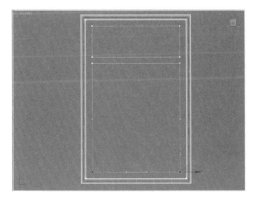

图10-19　　　　　　　　　　　　　图10-20

STEP**07** 为其添加挤出修改器，设置挤出值为60，调整模型到合适位置，如图10-21所示。

STEP**08** 将模型转换为可编辑多边形，进入"边"子层级，选择如图10-22所示的边。

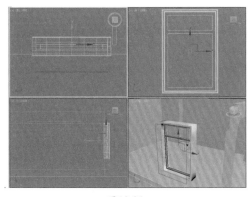

图10-21　　　　　　　　　　　　　图10-22

STEP**09** 单击"切角"按钮，设置边切角量为5，如图10-23所示。

STEP**10** 在"前"视图中捕捉绘制一个矩形，如图10-24所示。

图10-23

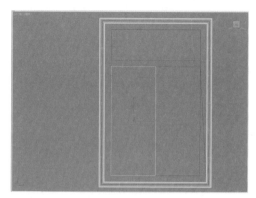
图10-24

STEP **11** 将其转换为可编辑样条线，进入"样条线"子层级，设置轮廓值为60，如图10-25所示。

STEP **12** 为其添加挤出修改器，设置挤出值为30，移动到合适位置，如图10-26所示。

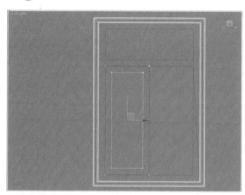
图10-25

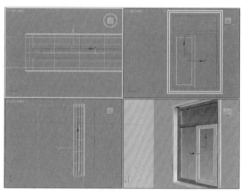
图10-26

STEP **13** 将其转换为可编辑多边形，进入"边"子层级，选择如图10-27所示的边。

STEP **14** 单击"切角"按钮，设置边切角量为5，如图10-28所示。

图10-27

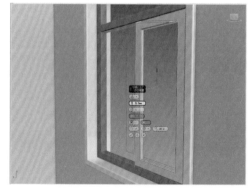
图10-28

STEP **15** 捕捉绘制矩形，并将其挤出8，作为玻璃模型，移动到合适位置，制作出一扇窗户的模型，如图10-29所示。

STEP **16** 复制窗户模型，如图10-30所示。

图10-29

图10-30

10.1.3　制作室内其他造型

在此将介绍场景中的吊顶造型和墙面造型的创建方法，其具体的制作过程如下所述。

STEP 01 制作吊顶模型。在"顶"视图中捕捉绘制一个矩形，如图10-31所示。

STEP 02 将其转换为可编辑样条线，进入"样条线"子层级，设置轮廓值为500，如图10-32所示。

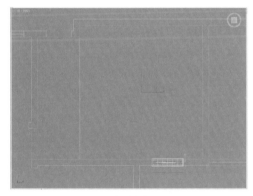

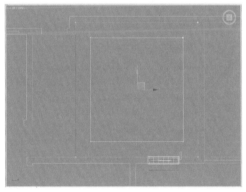

图10-31

图10-32

STEP 03 进入"顶点"子层级，如图10-33所示。

STEP 04 为其添加挤出修改器，设置挤出值为250，调整模型位置，如图10-34所示。

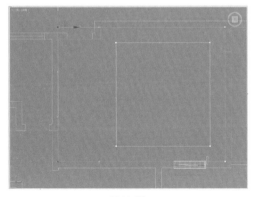

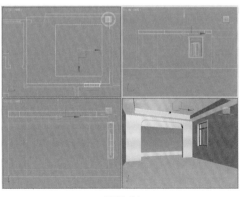

图10-33

图10-34

STEP 05 在"顶"视图中捕捉绘制一个矩形，如图10-35所示。

STEP 06 为其添加挤出修改器，设置挤出值为10，如图10-36所示。

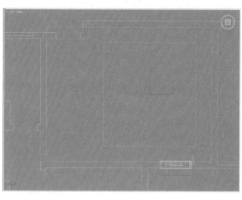

图10-35　　　　　　　　　　　　　　　图10-36

STEP 07 孤立对象，将其转换为可编辑多边形，进入"边"子层级，选择边，如图10-37所示。

STEP 08 单击"连接"按钮，设置连接边数为20，如图10-38所示。

图10-37　　　　　　　　　　　　　　　图10-38

STEP 09 再单击"挤出"按钮，设置挤出高度为-5mm、宽度为5mm，如图10-39所示。

STEP 10 结束隔离，如图10-40所示。

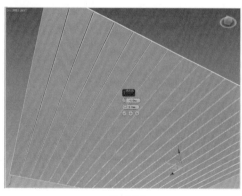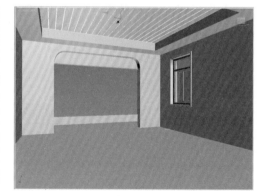

图10-39　　　　　　　　　　　　　　　图10-40

STEP 11 在"顶"视图中捕捉绘制客厅区域的踢脚线路径，如图10-41所示。

STEP 12 在"前"视图中绘制一个矩形，如图10-42所示。

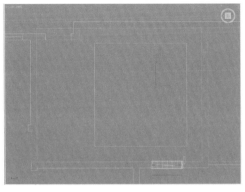

| 图10-41 | 图10-42 |

STEP⑬ 将其转换为可编辑样条线，进入"顶点"子层级，选择顶点，如图10-43所示。

STEP⑭ 设置圆角值为6，再单击"圆角"按钮，如图10-44所示。

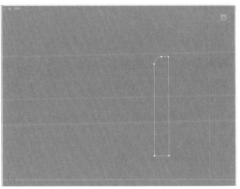

| 图10-43 | 图10-44 |

STEP⑮ 保持选择，在复合对象面板中单击"放样"命令，进行放样操作，制作出踢脚线模型，如图10-45所示。

STEP⑯ 在"蒙皮参数"卷展栏中设置图形步数及路径步数，再勾选"优化图形"复选框，调整踢脚线位置，如图10-46所示。

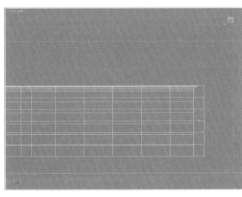

| 图10-45 | 图10-46 |

STEP⑰ 选择墙体多边形，进入"多边形"子层级，选择如图10-47所示的多边形。

STEP⑱ 单击"分离"按钮，将该面墙分离，如图10-48所示。

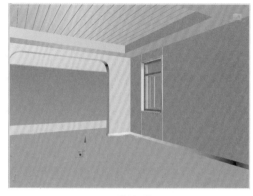

图10-47 图10-48

STEP **19** 孤立墙体多边形，在"前"视图中创建一个长方体，如图10-49所示。

STEP **20** 将其转换为可编辑多边形，进入"边"子层级，选择边，如图10-50所示。

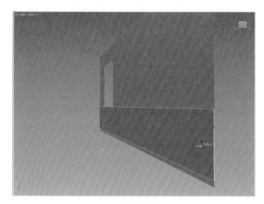

图10-49 图10-50

STEP **21** 单击"连接"按钮，设置连接数为1，随后调整边的高度，如图10-51所示。

STEP **22** 进入"多边形"子层级，选择多边形，单击"挤出"按钮，设置挤出值为15，如图10-52所示。

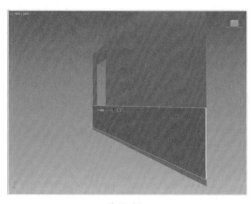

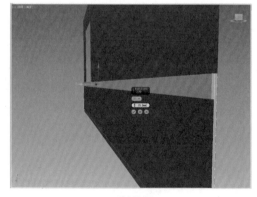

图10-51 图10-52

STEP **23** 再进入"边"子层级，选择如图10-53所示的边。单击"切角"按钮，设置边切角量为5，制作成墙板模型。

STEP **24** 进入"边"子层级，选择如图10-54所示的边。

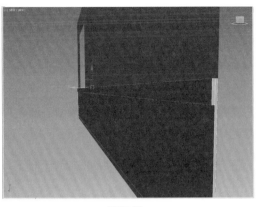

图10-53

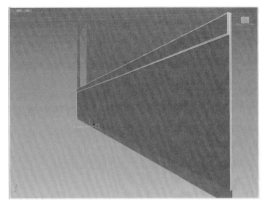

图10-54

STEP 25 单击"连接"按钮，设置连接数为45，如图10-55所示。

STEP 26 单击"挤出"按钮，设置挤出高度为-3mm、宽度为3mm，制作出墙板模型，如图10-56所示。

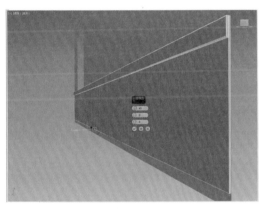

图10-55

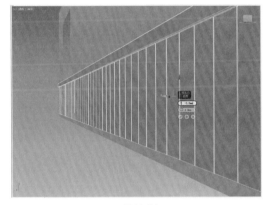

图10-56

STEP 27 创建一个长方体，移动到合适位置，如图10-57所示。

STEP 28 选择墙板模型，在复合对象面板中执行"布尔"命令，再单击"拾取操作对象"按钮，在视图中单击选择长方体，如图10-58所示。

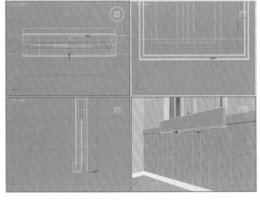

图10-57

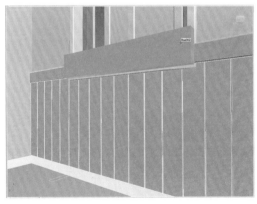

图10-58

至此，完成该室内造型效果的制作。

10.1.4 制作室内家具模型

下面将介绍沙发模型及茶几模型的制作，首先介绍沙发模型的创建。

STEP01 创建一个长方体，设置参数，随后将其转换为可编辑多边形，进入"边"子层级，选择如图10-59所示的边。

STEP02 单击"切角"按钮，设置边切角量为5，进入"多边形"子层级，选择多边形，如图10-60所示。

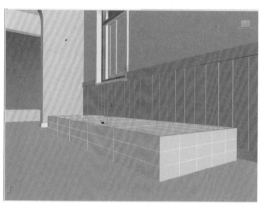
图10-59

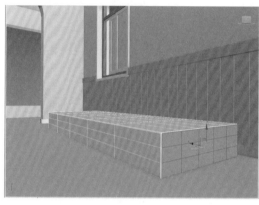
图10-60

STEP03 按住Shift键拖动鼠标，克隆多边形到单独的对象，进入"多边形"子层级，选择多边形并单击"挤出"按钮，设置挤出高度为3，如图10-61所示。

STEP04 进入"顶点"子层级，调整顶点位置以调整多边形形状，如图10-62所示。使用同样方法，制作其他三面的模型。

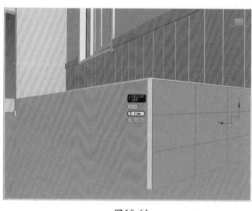
图10-61

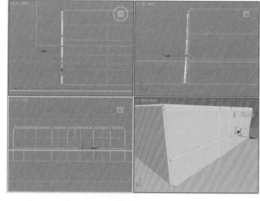
图10-62

STEP05 选择主体多边形，单击"附加"按钮，附加选择新创建的三个多边形，使其成为一个整体，如图10-63所示。

STEP06 为其添加细分修改器，设置细分大小值为50，如图10-64所示。

STEP07 再添加一个网格平滑修改器，设置平滑度为0.1，如图10-65所示。

STEP08 创建一个切角长方体，并调整到合适位置，如图10-66所示。

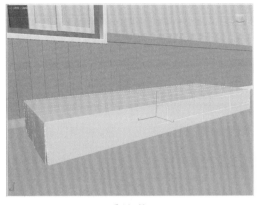

图10-63

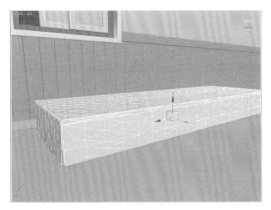

图10-64

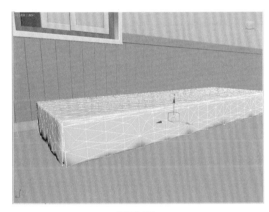

图10-65

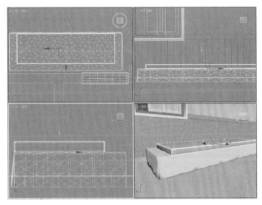

图10-66

STEP 09 在视图中创建一段样条线轮廓，如图10-67所示。

STEP 10 进入"顶点"子层级，将顶点类型设置为Bezier角点，调整控制柄以调整样条线轮廓，如图10-68所示。

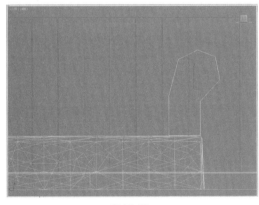

图10-67

图10-68

STEP 11 添加挤出修改器，设置挤出值为660，分段数为10，调整模型位置，如图10-69所示。

STEP 12 将其转换为可编辑多边形，进入"边"子层级，选择如图10-70所示的边。

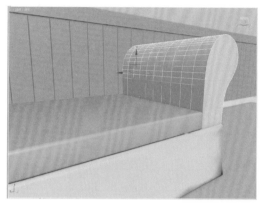

图10-69

图10-70

STEP 13 单击"切角"按钮，设置边切角量为5，如图10-71所示。

STEP 14 单击"剪切"命令，为多边形进行剪切，如图10-72所示。

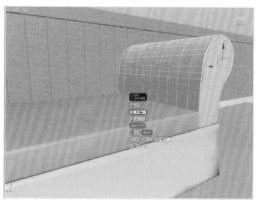

图10-71

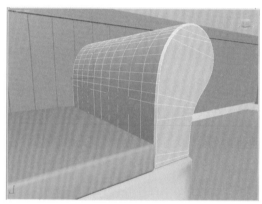

图10-72

STEP 15 将模型复制到另一侧，调整位置及角度，制作出沙发两侧扶手，如图10-73所示。

STEP 16 使用同样方法，制作沙发靠背，如图10-74所示。

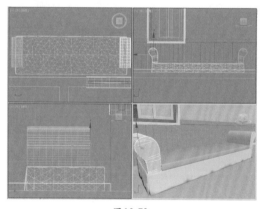

图10-73

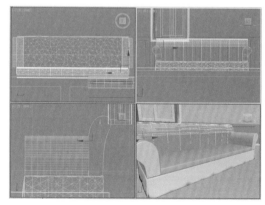

图10-74

STEP 17 将靠背模型转换为可编辑多边形，进入"边"子层级，选择如图10-75所示的边。

STEP 18 单击"切角"按钮，设置边切角量为5，如图10-76所示。

图10-75　　　　　　　　　　　　　　图10-76

STEP 19 执行"剪切"命令，对靠背模型进行剪切操作，如图10-77所示。

STEP 20 单击"附加"按钮，附加选择两侧扶手模型，使其成为一个整体，如图10-78所示。

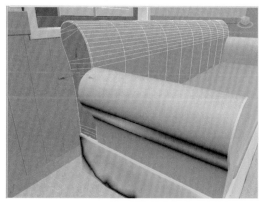
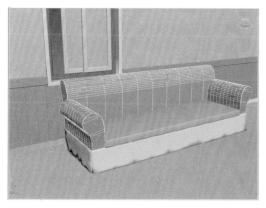

图10-77　　　　　　　　　　　　　　图10-78

STEP 21 添加网格平滑修改器，设置默认，如图10-79所示。

STEP 22 创建一个切角长方体，设置参数并移动到合适位置，如图10-80所示。

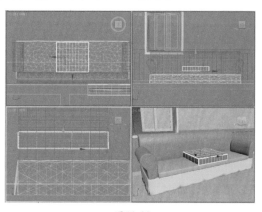

图10-79　　　　　　　　　　　　　　图10-80

STEP 23 为其添加FFD修改器，如图10-81所示。

STEP 24 进入"控制点"子层级，选择控制点，调整模型形状，如图10-82所示。

图10-81

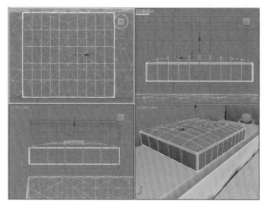

图10-82

STEP 25 孤立坐垫模型，在顶视图中绘制一个截面并移动到合适位置，如图10-83所示。

STEP 26 单击"创建图形"按钮，创建一个截面图形，如图10-84所示。

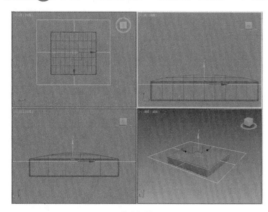

图10-83

图10-84

STEP 27 在"渲染"卷展栏中勾选"在渲染中启用"及"在视口中启用"复选框，设置径向厚度值，并移动图形到适当位置，如图10-85所示。

STEP 28 复制图形，如图10-86所示。

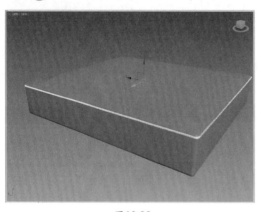

图10-85

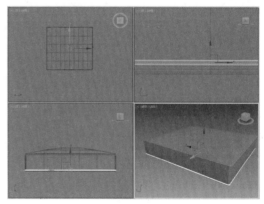

图10-86

STEP 29 结束隔离，复制坐垫模型，如图10-87所示。

STEP 30 在顶视图中创建一个长方体，设置参数，如图10-88所示。

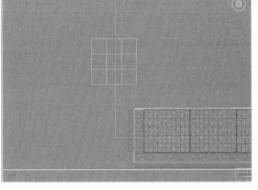

图10-87　　　　　　　　　　　　　　　　图10-88

STEP 31 将其转换为可编辑多边形，进入"顶点"子层级，调整顶点位置，如图10-89所示。

STEP 32 进入"多边形"子层级，选择下方的多边形，如图10-90所示。

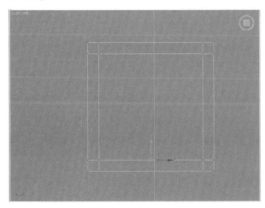

图10-89　　　　　　　　　　　　　　　　图10-90

STEP 33 单击"挤出"按钮，设置挤出值为120，如图10-91所示。

STEP 34 进入"顶点"子层级，调整顶点，改变沙发凳四条腿的轮廓，如图10-92所示。

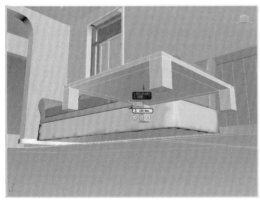

图10-91　　　　　　　　　　　　　　　　图10-92

STEP 35 进入"边"子层级，选择如图10-93所示的边。

STEP 36 单击"切角"按钮，设置边切角量为3，如图10-94所示。

| 图10-93 | 图10-94 |

STEP 37 复制沙发坐垫模型，适当调整大小，如图10-95所示。

STEP 38 复制沙发凳模型，如图10-96所示。

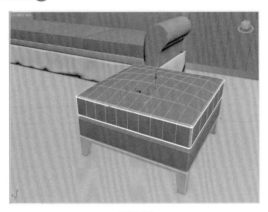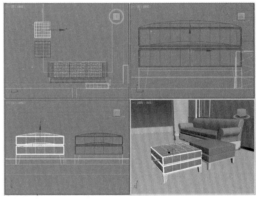

| 图10-95 | 图10-96 |

创建完成如图10-97所示的沙发模型后，下面再来创建一个茶几模型。

STEP 39 在"顶"视图中创建一个长方体，如图10-98所示。

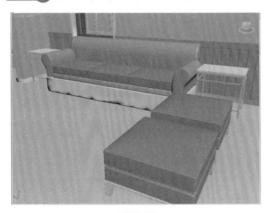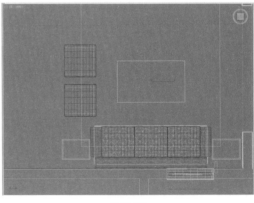

| 图10-97 | 图10-98 |

STEP 40 向上复制模型，再调整参数，如图10-99所示。

STEP 41 将其转换为可编辑多边形，进入"顶点"子层级，调整顶点位置，如图10-100所示。

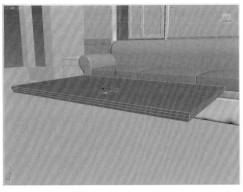

图10-99

图10-100

STEP 42 进入"多边形"子层级,选择多边形,如图10-101所示。

STEP 43 单击"插入"按钮,设置插入值为60,如图10-102所示。

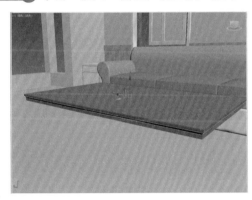

图10-101

图10-102

STEP 44 进入"边"子层级,选择如图10-103所示的边。

STEP 45 单击"挤出"按钮,设置挤出宽度为1mm、高度为-1mm,如图10-104所示。

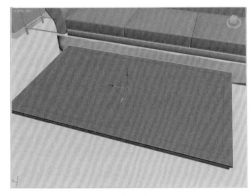

图10-103

图10-104

STEP 46 在任一角创建一个圆柱体,作为茶几腿,如图10-105所示。

STEP 47 复制圆柱体模型,如图10-106所示。

STEP 48 在"顶"视图中绘制一个矩形,在"渲染"卷展栏中勾选"在渲染中启用"和"在视口中启用"复选框,设置径向厚度为15,并调整图形高度,如图10-107所示。

STEP49 再创建一个长方体，调整到合适位置，作为地毯，如图10-108所示。

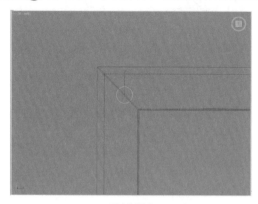

图10-105

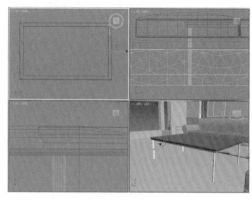

图10-106

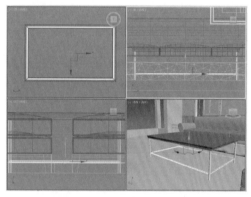

图10-107

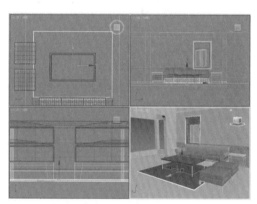

图10-108

10.1.5　合并场景模型

为了提高建模效果，可以事先准备一下场景中的其他模型，如灯具、抱枕、装饰品等。接下来将介绍场景模型的合并操作，其具体操作步骤如下所述。

STEP01 执行"合并"命令，在打开的"合并文件"对话框中选择窗帘模型"窗帘.max"，如图10-109所示。

STEP02 将窗帘模型合并到当前场景中，调整模型大小并复制多个，调整位置，如图10-110所示。

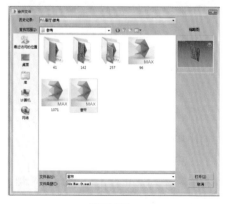

图10-109

图10-110

STEP03 导入抱枕模型"抱枕.max"，调整到合适的位置，如图10-111所示。

STEP04 导入台灯模型"台灯.max"，如图10-112所示。

图10-111

图10-112

STEP05 继续合并装饰品模型"装饰品.max"，如图10-113所示。

STEP06 合并装饰画模型"装饰画.max"，如图10-114所示。

图10-113

图10-114

至此，完成本场景模型的制作。

10.2 创建摄影机与材质

下面介绍摄影机的创建过程及如何为模型添加材质，其具体的操作过程如下所述。

STEP01 在"顶"视图中创建一架目标摄影机，并调整摄影机参数以及位置角度，如图10-115所示。

STEP02 在透视图视口按快捷键C键进入摄影机视口，按快捷键M键打开材质编辑器，选择一个空白材质球，将其设置为VrayMtl材质，设置漫反射颜色为白色，如图10-116所示。

STEP03 将创建的乳胶漆材质指定给场景中的墙面及吊顶模型，如图10-117所示。

STEP04 选择一个空白材质球，将其设置为VrayMtl材质，设置漫反射颜色为白色，为反射通道添加衰减贴图，再设置反射参数，如图10-118所示。

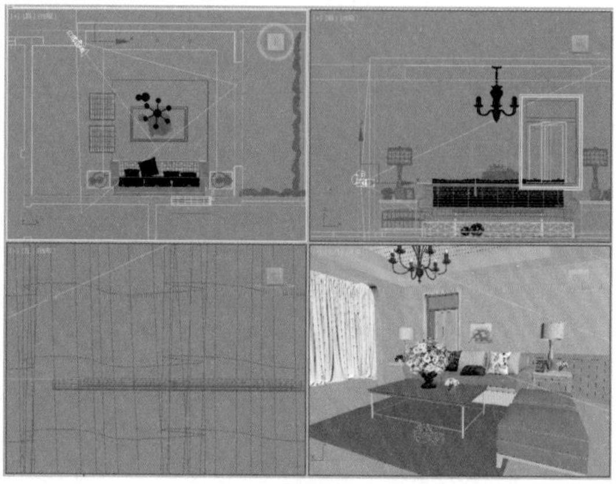

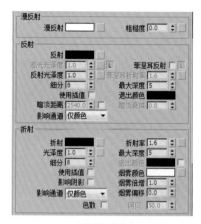

图10-115

图10-116

图10-117

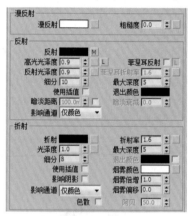

图10-118

STEP 05 在衰减参数卷展栏中设置衰减颜色（衰减颜色1为黑色，衰减颜色2为色相0、饱和度0、亮度50），如图10-119所示。

STEP 06 将创建好的白漆材质指定给场景中的窗框、墙板、踢脚线、吊顶模型，如图10-120所示。

图10-119

图10-120

STEP 07 选择一个空白材质球，将其设置为VrayMtl材质，为漫反射通道添加位图贴图，取消菲涅耳反射，如图10-121所示。

STEP 08 将创建好的墙纸贴指定给墙面对象，如图10-122所示。

图10-121

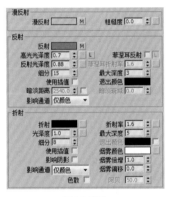

图10-122

STEP 09 选择一个空白材质球，将其设置为VrayMtl材质，为漫反射通道和凹凸通道添加平铺贴图，设置凹凸值为20，为反射通道添加衰减贴图，设置反射参数及反射颜色，如图10-123所示。

STEP 10 反射颜色设置如图10-124所示。

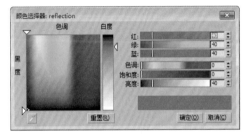

图10-123

图10-124

STEP 11 在衰减参数卷展栏中设置衰减颜色（颜色1为黑色，颜色2为色相160、饱和度170、亮度190）及类型，如图10-125所示。

STEP 12 将创建好的仿古砖材质指定给场景中的地面，为其添加UVW贴图，设置贴图参数，如图10-126所示。选择UVW贴图层级，在顶视图中将贴图旋转45°。

图10-125

图10-126

STEP 13 选择一个空白材质球，将其设置为VrayMtl材质，设置漫反射颜色和折射颜色为白色，再设置反射颜色及反射参数，如图10-127所示。

STEP 14 反射颜色设置如图10-128所示。将创建好的玻璃材质指定给场景中的玻璃对象。

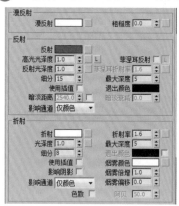

图10-127

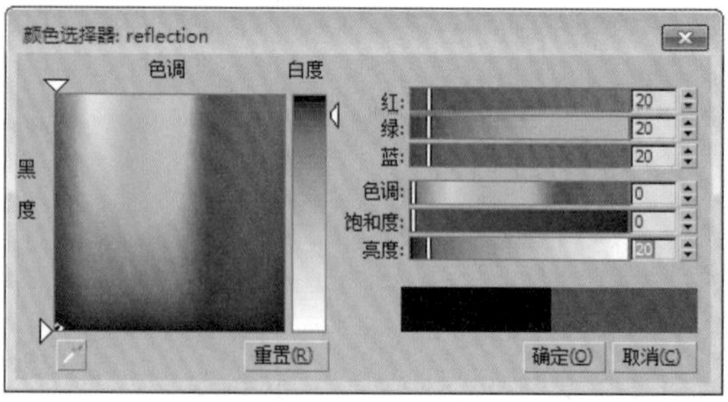

图10-128

STEP 15 选择一个空白材质球，将其设置为VrayMtl材质，在"贴图"卷展栏中为漫反射通道和凹凸通道添加位图贴图，如图10-129所示。

STEP 16 将创建好的地毯材质指定给场景中的地毯模型，如图10-130所示。

图10-129

图10-130

STEP 17 在场景中吸取沙发抱枕的材质，将该材质指定给场景中的沙发模型，如图10-131所示。

STEP 18 选择一个空白材质球，将其设置为VrayMtl材质，为漫反射通道添加衰减贴图，设置反射颜色及反射参数，如图10-132所示。

图10-131

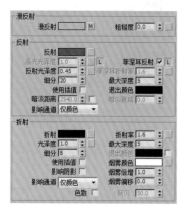

图10-132

STEP⑲ 反射颜色设置如图10-133所示。

STEP⑳ 在"选项"卷展栏中设置参数，如图10-134所示。

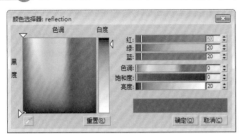

图10-133

图10-134

STEP㉑ 衰减参数卷展栏中设置衰减颜色（颜色1为色相0、饱和度13、亮度57，颜色2为色相0、饱和度35、亮度100），如图10-135所示。

STEP㉒ 将创建好的沙发布材质指定给场景中的对象，如图10-136所示。

图10-135

图10-136

STEP㉓ 选择一个空白材质球，将其设置为VrayMtl材质，设置漫反射颜色为黑色，再设置反射颜色（色值为色相0、饱和度0、亮度30）及反射参数，如图10-137所示。

STEP㉔ 将创建好的黑漆材质指定给场景中的茶几模型对象，如图10-138所示。

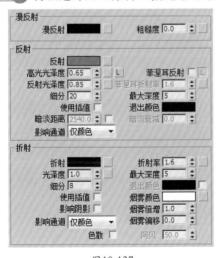

图10-137

图10-138

STEP 25 选择一个空白材质球，将其设置为VrayMtl材质，为漫反射通道和凹凸通道添加位图贴图，为反射通道添加衰减贴图，设置反射参数，如图10-139所示。

STEP 26 在"贴图"卷展栏中设置凹凸值，如图10-140所示。

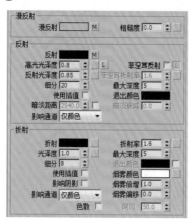

图10-139

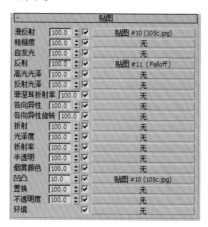

图10-140

STEP 27 在衰减参数卷展栏中设置衰减颜色（颜色1为黑色，颜色2为色相221、饱和度235、亮度251）及类型，如图10-141所示。

STEP 28 将创建好的木纹材质指定给场景中的木质模型对象，如图10-142所示。

图10-141

图10-142

10.3　创建光源并渲染模型

本节将介绍如何创建室内和室外光源，以及如何进行测试渲染参数的设置，其具体操作过程如下所述。

STEP 01 打开"渲染设置"对话框，在"帧缓冲区"卷展栏中取消勾选"启用内置帧缓冲区"复选框，在"图像采样器"卷展栏中设置最小着色速率为1，设置过滤器类型，再设置颜色贴图类型为"指数"，如图10-143所示。

STEP 02 在"全局照明"卷展栏中启用全局照明，设置二次引擎为"灯光缓存"，在"发光图"卷展栏中设置预设值模式及细分采样值等，在"灯光缓存"卷展栏中设置细分值，如图10-144所示。

图10-143

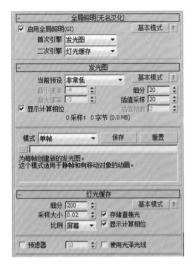

图10-144

STEP**03** 在"系统"卷展栏中设置序列模式以及动态内存限制值，如图10-145所示。

STEP**04** 在"左"视图中创建一盏VRay灯光，调整到合适位置，如图10-146所示。

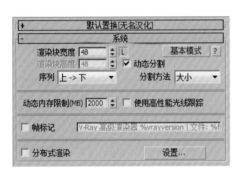

图10-145

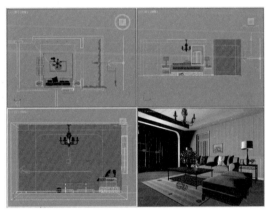

图10-146

STEP**05** 渲染摄影机视口，效果如图10-147所示。

STEP**06** 微调参数，以场景灯光最终参数为准，如图10-148所示。

图10-147

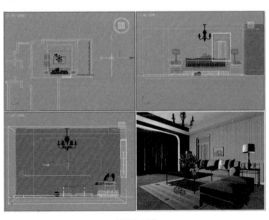

图10-148

STEP **07** 在"前"视图中创建一个VR太阳光，自动添加VR天空环境贴图，如图10-149所示。

STEP **08** 渲染摄影机视口，效果如图10-150所示。

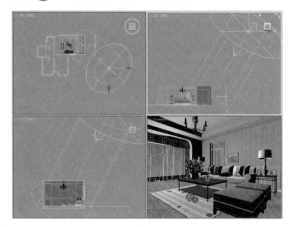

图10-149　　　　　　　　　　　　　　　　　图10-150

STEP **09** 在"前"视图中创建一盏目标灯光，如图10-151所示。并为目标灯光添加光域网，设置灯光颜色和强度，效果如图10-152所示。

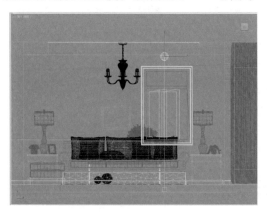

图10-151　　　　　　　　　　　　　　　　　图10-152

STEP **10** 创建一盏球形VR灯光，调整灯光颜色及位置，如图10-153所示。

STEP **11** 渲染摄影机视口，效果如图10-154所示。

图10-153　　　　　　　　　　　　　　　　　图10-154

STEP 12 复制灯光到另一侧台灯，如图10-155所示。

STEP 13 渲染摄影机视口，效果如图10-156所示。

图10-155

图10-156

STEP 14 在"渲染设置"对话框中设置输出尺寸，如图10-157所示。

STEP 15 在"全局确定性蒙特卡洛"卷展栏中设置噪波阈值及最小采样值，勾选"时间独立"复选框，如图10-158所示。

图10-157

图10-158

STEP 16 设置发光图预设级别及细分采样值，再设置灯光缓存细分值，如图10-159所示。

STEP 17 渲染摄影机视口，最终渲染效果如图10-160所示。

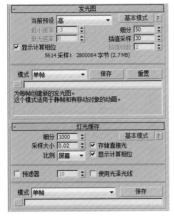

图10-159

图10-160

10.4 效果图后期处理

效果图后期处理是效果图制作必不可少的一个环节，利用Photoshop软件可以弥补渲染效果中的一些不足，比如亮度、颜色饱和度等。本节将对最常见的调整操作进行介绍。

STEP01 打开效果图，执行"亮度/对比度"命令，在打开的对话框中调整其亮度及对比度，勾选"预览"复选框，可以看到整体效果变亮，并且明暗对比增强，如图10-161所示。

STEP02 执行"色相/饱和度"命令，在打开的"色相/饱和度"对话框中调整整体的饱和度和明度，如图10-162所示。

STEP03 执行"图像"→"调整"→"曲线"命令，在打开的"曲线"对话框中调整曲线，如图10-163所示。

图10-161

图10-162

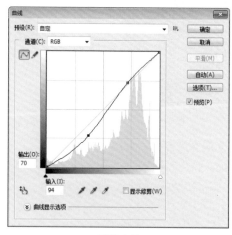

图10-163

STEP04 最终效果如图10-164所示。

此外，还可以对图纸添加水印、标明图纸属性等，这些操作可以自行体验。

图10-164